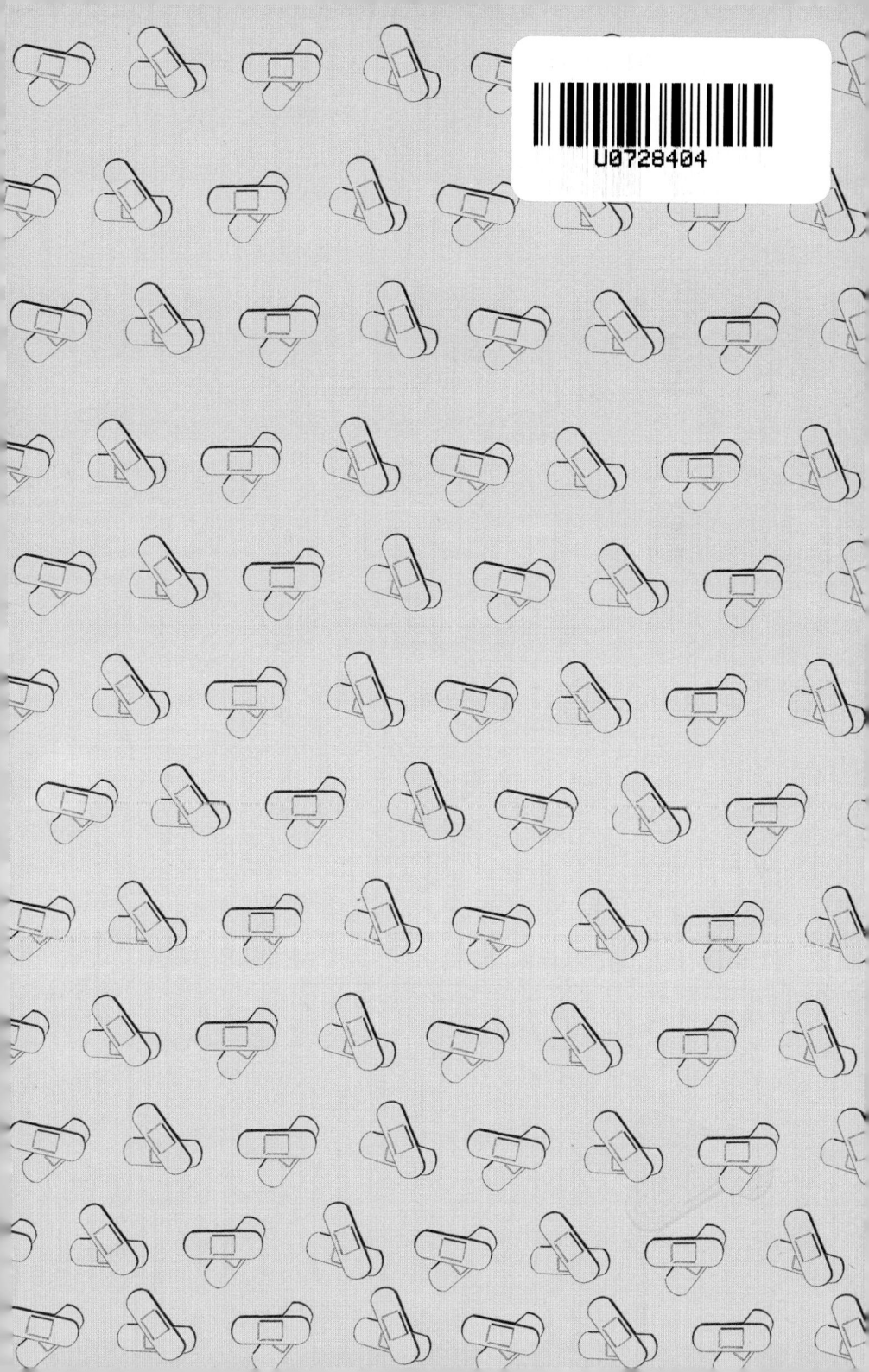

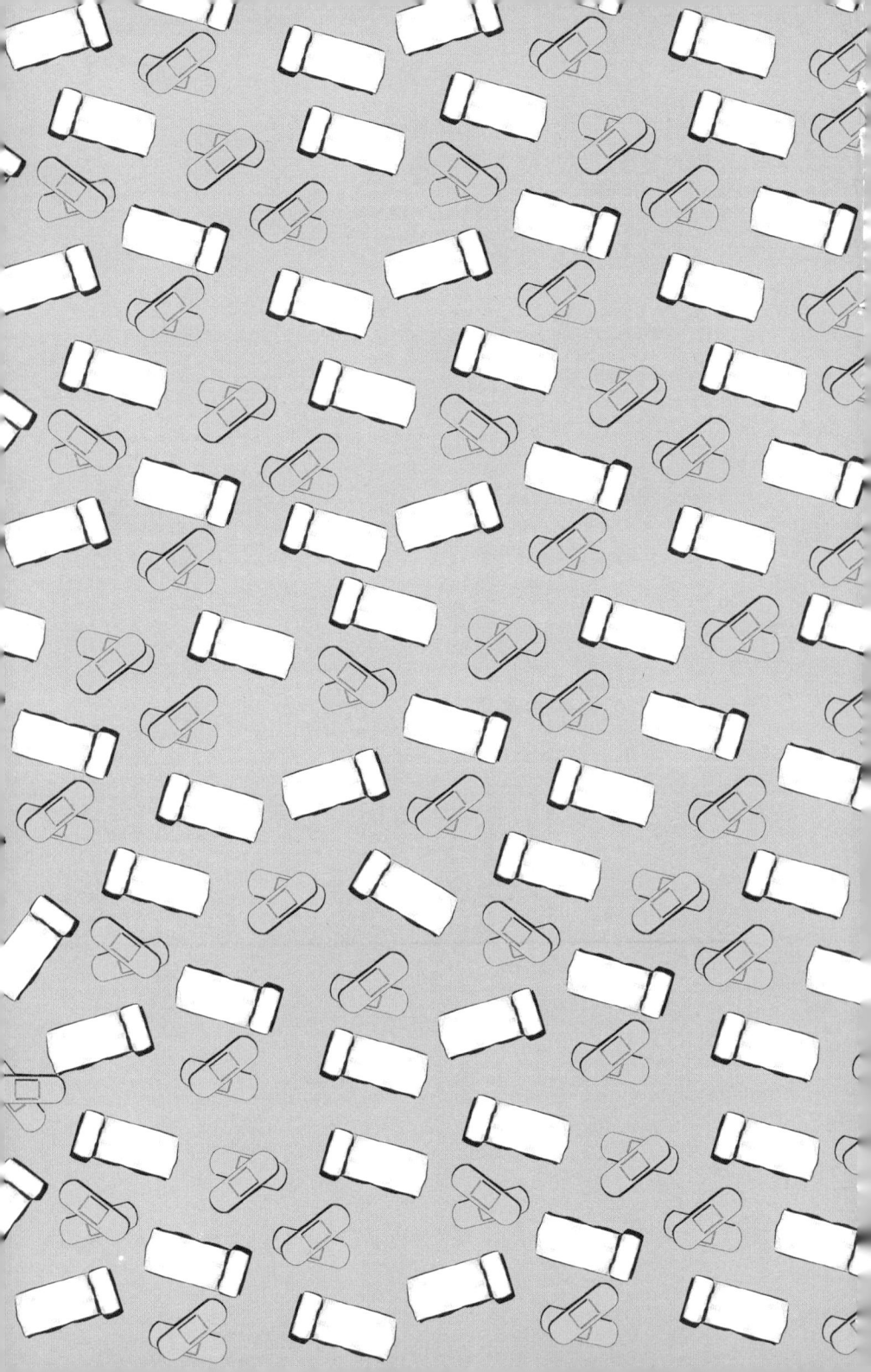

室内篇

青少年安全知识手册

[瑞典]雅克博·瑞兹·恩德尔　　[瑞典]马茨·万伯拉｜著

[英]格兰·哈姆｜绘

[瑞典]罗敷　[瑞典]徐明华｜译

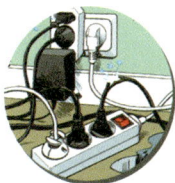

长江出版传媒　　长江文艺出版社

图书在版编目（CIP）数据

青少年安全知识手册. 室内篇 / （瑞典）雅克博·瑞兹·恩德尔，（瑞典）马茨·万伯拉著；（英）格兰·哈姆绘；（瑞典）罗敷；（瑞典）徐明华译. -- 武汉：长江文艺出版社，2025. 6. -- ISBN 978-7-5702-0187-7

Ⅰ. X956-49

中国国家版本馆 CIP 数据核字第 2025Y06B28 号

版权合同登记 图字：17-2023-166 号

FÖRSTA HJÄLPEN FÖR UNGA HJÄLTAR
Text © Jakob Ratz Endler and Mats Wänblad
Illustrationer © Graham Samuels
Originally published by Bokförlaget Opal AB in Sweden,2023
All rights reserved.

青少年安全知识手册. 室内篇
QINGSHAONIAN ANQUAN ZHISHI SHOUCE. SHINEI PIAN

责任编辑：刘秋婷　　　　　　　　　　责任校对：程华清
封面设计：胡冰倩　　　　　　　　　　责任印制：邱　莉　王光兴

出版：长江出版传媒　长江文艺出版社
地址：武汉市雄楚大街 268 号　　　　　邮编：430070
发行：长江文艺出版社
http://www.cjlap.com
印刷：湖北新华印务有限公司

开本：880 毫米×1230 毫米　　1/32　　　印张：2.5
版次：2025 年 6 月第 1 版　　　　2025 年 6 月第 1 次印刷

定价：39.80 元（全二册）

这是＿＿＿＿＿＿＿＿＿＿的安全自救书。

行善不问身份，助人不分大小。

——送给每一位青少年

目　录

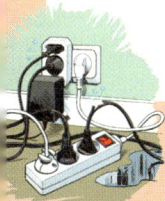

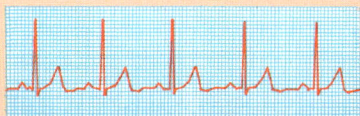

过敏突如其来怎么办？

——及早发现是关键

放学后，沙哲的朋友丽萨跟他一起回家玩。两人玩了一会儿电子游戏之后，感觉有点饿。沙哲下楼去厨房找吃的东西。他打开冰箱，看到里面有奶酪和面包，还有妈妈从瑜伽馆买来的小巧克力球。据妈妈说，巧克力球是由很多有营养的东西制作而成的，比如蜂蜜、坚果和无花果。沙哲倒了两杯牛奶，并拿着巧克力球上楼给丽萨吃。然而两人吃完不久，丽萨就开始肚子痛，去了好几次厕所。她从厕所出来的时候，脸红得发紫，眼睛周围也开始红肿发痒，还说自己喉咙里像有一团东西堵着。

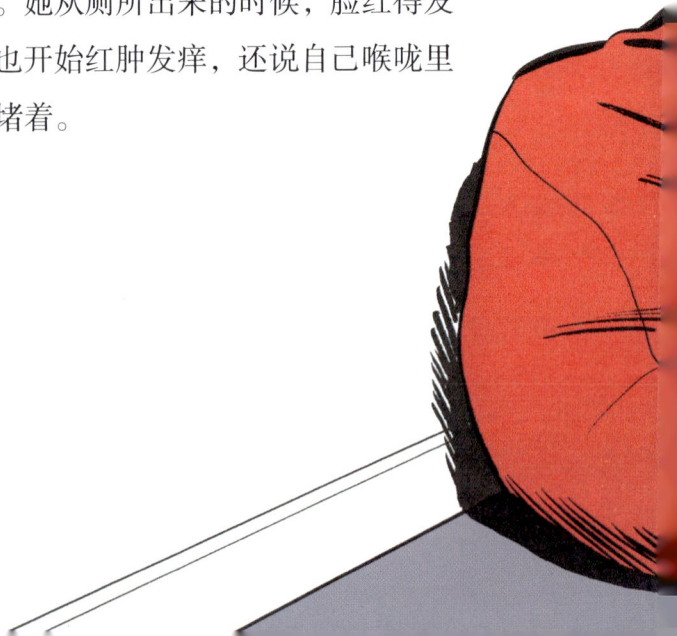

过敏的医学小常识

我们的身体自带一个非常强大的免疫系统，可以保护我们免受病毒和细菌等危险物质的侵害。但这个系统也可能对许多无害物质做出反应，这就叫过敏。使人过敏的东西有很多，例如鸡蛋、坚果、花粉、灰尘和宠物皮毛等。大多数过敏患者只有轻微的反应，比如流鼻涕和眼睛发痒等。但有一些人的过敏反应则非常严重，甚至会在几分钟内休克。非常严重的过敏反应通常只会在人体大量摄入过敏原物质或者接触到过敏原物质的产生者时发生，例如对蜂毒过敏恰好又被蜜蜂蜇到。

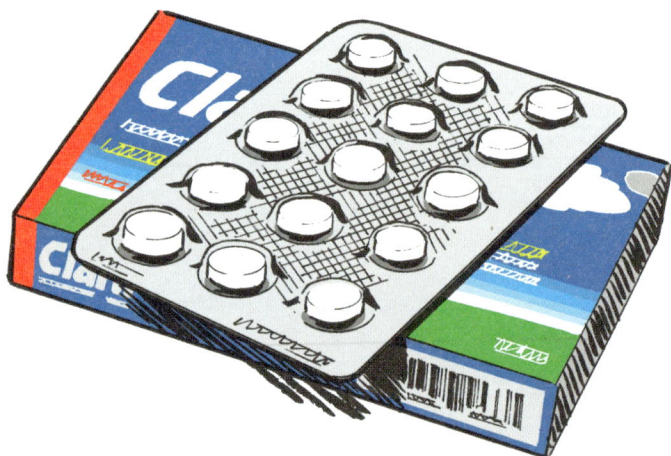

应对过敏反应的几条措施

1. 立即联系家属，并准确描述你的过敏反应。

2. 如果联系不到家属，请立即拨打急救电话 120[①]。

3. 不要自行处理严重的过敏反应，而是要及时就医。

有很多药物可以治疗过敏，很多过敏患者也都知道应该怎么做。但是，由于一些过敏的症状恶化得非常迅速，因此为了生命安全，过敏者在第一时间寻求帮助尤为重要。

– 帮助过敏者的练习 –

询问你的朋友是否对某些东西过敏。

让他们告诉你，当他们少量摄入过敏原物质后会发生什么状况。

学习辨认过敏反应的症状。

---

① 120 为国内急救电话号码，瑞典的急救电话是 112。

请记住：

在向朋友或同学提供食物之前，要先了解一下是否有人过敏。要知道，在面包上刷上蛋液，或在冰激凌上撒坚果碎，都有可能导致对这些食物过敏的人被送到医院接受治疗。

雅克博医生的建议

很多人发生过敏反应时，会非常疲倦、想睡觉。这是一个很明显的征兆。如果你有这个症状，必须立即告诉你的父母，让他们带你去医院。

过敏事件后续

沙哲完全不知道丽萨的脸为什么变得那么红。但丽萨自己知道这是食物过敏，因为她以前有过几次这样的过敏症状。她打电话给妈妈，妈妈立即带了药物赶来。服用药物之后，药物缓解了丽萨的瘙痒感并减轻了肿胀，丽萨感觉好多了，这次她不用去医院了。

遇险情，请你沉着冷静做决断

　　你肯定听到过救护车鸣笛而来，或看过一些电视连续剧里医生和护士穿梭于医院的情景。有时候，急诊确实十万火急。通常情况下，无论是在医院还是其他地方，你在应对紧急情况时都需要当机立断。一些伤害如果不立即进行处理就会恶化，因此迅速采取行动至关重要。但是也不要太着急，我们应确保采取的是正确的急救措施而非莽撞行事。现在，我们来举几个例子。比如吃东西时被呛到了，这种情况可能会非常危险，甚至一分钟内就会危及生命。再比如大出血也会迅速威胁到生命。另外，如果有人发生过敏且呼吸困难，这也可能危及生命。但也有一些不是那么紧急的情况，比如有人扭伤了脚或手，即使伤者感到非常疼痛，通常也不会有生命危险。当然，给扭伤的患者尽快用药，能有效缓解他的疼痛。

　　如果你不确定伤者的情况，建议你打电话给你或伤者的监护人，并告诉他们发生了什么。另外，你还可以拨打医疗求助电话，向医护人员求助。

被烫伤后去冲凉？

——物理降温第一步

　　这是一个星期二，费尔南多跟着诺拉去她家玩。今天，他们俩在学校的午餐是鱼，两人因为不爱吃鱼都没吃多少，所以现在都饿了。他们拿出两包方便面，然后争论了一会儿：到底谁吃牛肉味的，谁吃虾味的？分配好方便面后，费尔南多用手拿了两个杯子，诺拉拿起开水壶，把水倒入第一个杯子。这时，几滴热水溅到了费尔南多的手上，他一下子松开了手。但是诺拉却没有来得及停止倒水，导致沸水倒在了费尔南多的手上。费尔南多痛得尖叫起来，杯子也掉到了厨房地板上。

烫伤和烧伤的医学小常识

要知道，皮肤是人体最大的器官，并具有很多重要功能，包括保护我们免受恶劣天气的影响，并维持身体的完整性。但是，如果皮肤接触到高温就会受损。面部和手部的皮肤尤其敏感。烫伤和烧伤都是由于皮肤遭遇高温而受损，性质是一样的。皮肤烧伤的严重程度取决于烧伤的深度。人们通常将烧伤分为一度、二度、三度，其中三度烧伤是最严重的。如果你曾经被晒伤，那你一定记得，自己的皮肤变红而且又疼又痒，这也算是一度烧伤。

人们通常说，手掌面积大约是身体表面积的 1%。了解这一点很重要，这是你判断烧伤面积的一个参考标准。当你因为烧伤拨打医疗急救电话时，医生通常想知道烧伤有多严重及烧伤面积有多大，这时你就可以根据自己的判断向医生进行初步描述。

处理烫伤和烧伤的方法

1.小心地拿掉覆盖在烫伤或烧伤处的东西。

2.尽快地用凉水冲洗伤口 15 分钟，以降低受伤部位的温度。这也是减轻疼痛的重要措施。

3.冷却过受伤部位后，自己评估一下受伤程度，如果不是很严重，就可以自行处理，如涂抹烧伤药。

4.出现大于手掌大小或程度较深的烧伤——尤其是皮肤出现炭化的情况时，应该立即去医院就诊。

5.如果数天后伤口开始散发恶臭或有脓液流出，表明伤口已经感染，必须立即就医，不能耽误。

请记住：

严重烫伤或烧伤可能不会使你感到疼痛，因为皮肤的神经已经受损，阻碍了痛觉。皮肤最重要的功能之一是保护身体免受感染，因此烫伤或烧伤特别容易造成感染。

雅克博医生的建议

用手机对着受伤的地方拍一张照片，以便在几天后察看伤口是否有恶化。

- 练习 -

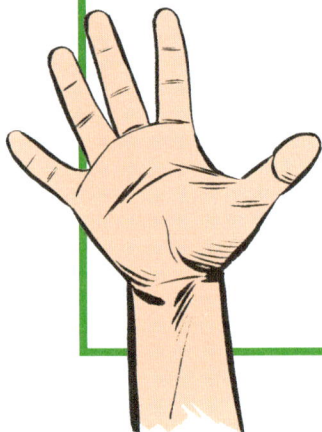

在朋友或兄弟姐妹身上进行测试，仔细观察像手掌一样大的伤口到底有多大。

烫伤事件后续

费尔南多痛得尖叫起来，一时之间，诺拉也不知道该怎么办。这时，她想起让费尔南多把手冷却也许会好些。于是她打开水龙头，用冷水来冲洗费尔南多的手。因为沸水也流到了费尔南多的脚上，所以他们决定去浴室，打开花洒，用冷水冲洗被烫伤的手和脚。

　　诺拉的爸爸下班回到家时，看到厨房地板上到处是面条和水，并听到从浴室传来嬉闹声。他走进浴室，了解情况后，给自己的一位医生朋友打电话咨询。经过爸爸的检查，费尔南多的烫伤并不严重，所以暂时不用去医院。爸爸表扬了诺拉用冷水冲洗受伤部位的做法，也告诫两个孩子：使用开水时必须有大人在旁边。

救人时的自我保护

你看到有人受伤，是不是想直接冲过去提供帮助？但是，遇到这种情况，不妨先停下来几秒钟，观察伤者周围的环境，确定你不会受到同样的危险再采取行动。这不是胆怯，而是一种常识。如果你也受伤了，你就无法帮助别人。

以下是一些情况示例。当你遇到这些情况时，你需要格外小心，并按照下面的建议来帮助他人。

1. 交通事故

遇到车祸现场，请你仔细观察：伤者在哪里？是在路边还是在道路的中间？如果伤者无法自己挪到你的身边，你也不要轻举妄动——你首先要确保自己不会被来往车辆撞到，这才是最要紧的。另外，即使情况紧急，也不要冲到路中间去帮助伤者。这时你应该先向成年人

求助，比如向来往车辆挥手，示意司机停下来。在向他
人呼救的时候，你要尽量让自己显眼一点，你可以用力
挥动双手并大声呼救。如果天黑的话，可以使用手电筒
和反光物。如果没有手电筒，就使用你的手机。请你记住，
只有在保障自身安全的情况下，你才能走向伤者。

2. 溺水

遇到别人溺水应该怎么办？许多人在水里下沉时，
会非常恐慌。这种恐慌对于作为救援者的你来说很危险，

19

因为溺水的人会因为恐惧而把你也往水下拉。你去救人时，一定要使用救生圈或其他漂浮物，并发出警报以寻求帮助。网络上有专门的救生课程，可以帮你学习如何从水中救人。

3. 冰面破裂

在我国某些地方，每年冬天都会有一些人因冰层破裂而溺水。如果你在岸上看到有人因冰面破裂掉入水中，千万不要因为急着救人走到冰面上去。因为这是一个很危险的举动，你也可能掉进水里。这时，你要在第一时间寻求帮助。要从冰上救人，需要用绳子或长棍，所以在救人之前要先准备工具。另外，把人从水里拉上来是非常吃力的，所以最好几个人一起协作救人。

4. 触电

触电事故是很危险的，严重的话甚至会让人当场丧命。请你记住，当你试图帮助因触电而受伤的人时，你也可能受到电击。因此，要注意伤者周围是否有电线或破损的电器；尤其是在周围环境潮湿的情况下，你更要当心。如果你怀疑有人受到电击，千万不要触碰他，除非你确定周围没有仍在通电的东西。如果你怀疑某些电器——如灯具可能通电，那就拔掉插头再考虑救人。

5. 火灾

如果发生火灾，而你想帮忙救人，只有在力所能及而且不会让自己陷入危险的情况下才可以尝试。所以，即使有人呼救，你也不可以直接冲进起火的房子中。

6. 被动物咬伤

在城市中，对人类有攻击性的动物并不常见。比较常见的是狗造成的咬伤。如果你遇到一只没有牵绳且表现出攻击性的狗，要先呼叫狗的主人来控制它（这是他们的责任）。你可以呼喊："谁的狗？快牵好！"不要挑衅狗，也不要试图喝止它，因为这样很可能引起狗对人类的攻击。

7. 病菌传染

你是否注意到这个现象，医生或护士去看病人时，总是先戴上塑料手套和口罩？这是为了保护自己免受病毒和细菌的传染。病患的血液中可能含有病原体，它会使医务人员染病。因此，你不得不接触他人血液时，最

好先戴上手套。如果没有手套，请尝试用纺织物或类似物品将你的手和受伤处隔离开。如果你手上沾染了血液，请用肥皂认真洗手。如果血液不慎溅入眼睛，需用流动的清水清洗眼睛，并告诉你的家人发生了什么事。

8. 尖锐物体

我们要当心注射器和针头，这些不起眼的物品也容易造成伤害。有些人随手把它们扔在户外，如公园、海边或森林里。这些废弃的注射器和针头可能含有危险物质和病毒。千万不要触摸它们或把它们捡起来玩！如果你不小心被针头扎伤，赶紧告诉你的家人，并及时咨询医生。

雅克博医生的讲述

有一次，我妻子的手指被搅拌机卡住了，我试图帮她时，不小心触碰了按钮，让搅拌机重新启动了。还好没发生什么危险，但这种意外是很容易发生的。所以，在帮助他人的时候一定要小心。在提供帮助前，一定要检查周围的设备及环境，有需要的时候要及时拔掉电源插头。

咦，好像摸到电了！

——切断电源最要紧

　　洛娃的外婆总是闲不住。有的时候她会一个人坐在扶手沙发上叹气，然后想起一些她认为必须去做的事情。今天，外婆忽然决定把花园整理得更漂亮一点。她根本不记得前天洛娃已经用割草机在院里割了一圈，认为自己必须割掉小木屋后面高高的野草，因为这些野草在她眼里难看极了。洛娃帮助外婆拿出割草机和蓝色电源延长线，就拿出一本书坐在门廊上读起来。她听见外婆开始干活的声音。过了一会儿，外婆转过屋角，想顺手将花坛周围的杂草也一起割掉了。

洛娃会心一笑，她知道外婆就是这么闲不住。正是晌午时分，在秋日的阳光下，草丛里的露水还没蒸发，外婆穿着橡胶拖鞋，不小心在草地上滑倒了。当她摔倒时，跟着滑落的割草机直接切断了电源线。一阵噼里啪啦的电火花闪现，外婆倒在地上。洛娃从椅子上跳起来，一边大声呼喊着外公，一边跑向外婆。

触电的医学小常识

电几乎无处不在，比如房屋墙壁内的电线、钻孔机、冰箱和无人机中都有电。甚至，我们的身体内部也有电存在——这些虽然只是微弱的电流信号，却能够使我们的肌肉运动、心脏跳动。正如道路有大有小，电路也有不同的大小。不同的电缆有不同的电流强度，电流强度越大越危险。如果你在火车线路上触到了电，那有可能危及你的生命。但是如果你触碰到的是电池中的电，你只会感到轻微的刺痛。

那么，电流是如何产生的？为什么触电很危险？这些问题我们都需要有所了解。我们还要知道的是，电可能导致皮肤灼伤，电流也容易损伤皮下肌肉。如果人体接触到的电流很强，那么心脏可能会处于很危险的房颤状态。由此可知，人人都应该对电保持高度警惕。

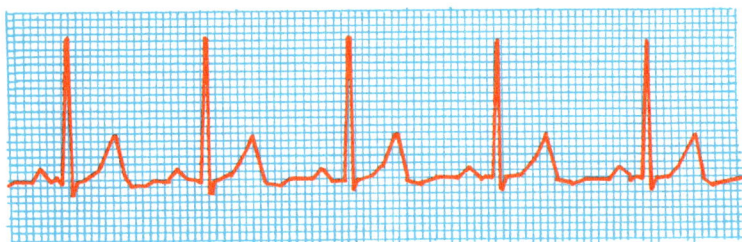

亲爱的读者朋友，你知道你的心脏是由电流信号控制的吗？借助心电图（又称为 EKG），我们可以看到心脏的情况。而且，心电图检查既不痛也不危险。

如果有人被电击伤，你可以按如下步骤操作

1. 如果你怀疑伤者附近仍然有导电的东西，请勿靠近。

2. 向成年人求助并警告周围想要靠近的人。

3. 电流看不见也闻不到，所以你必须保持警惕。尝试寻找可能导致电力故障的线索，如损坏的电缆或电器。

4. 救护人员需要了解伤者晕倒了多长时间或是否有其他人受伤。这些都是非常重要的信息，你可以通过讲述你看到的事情，来为救护人员提供帮助。

- 练习 -

防止自己或他人受到电击的最佳方法是预防触电事故发生。

检查一遍家里所有的电器，寻找是否有破损的电源插头或非固定悬挂的电缆。水能导电，所以在潮湿的地方触电风险极高——如浴室、厨房以及雨后的户外，我们要格外当心。请你注意，只能用眼察看电线和电源插头，千万不要触碰它们。如果你发现电线或电源插头有损坏的地方，请立即告诉父母；千万不要擅自行动。

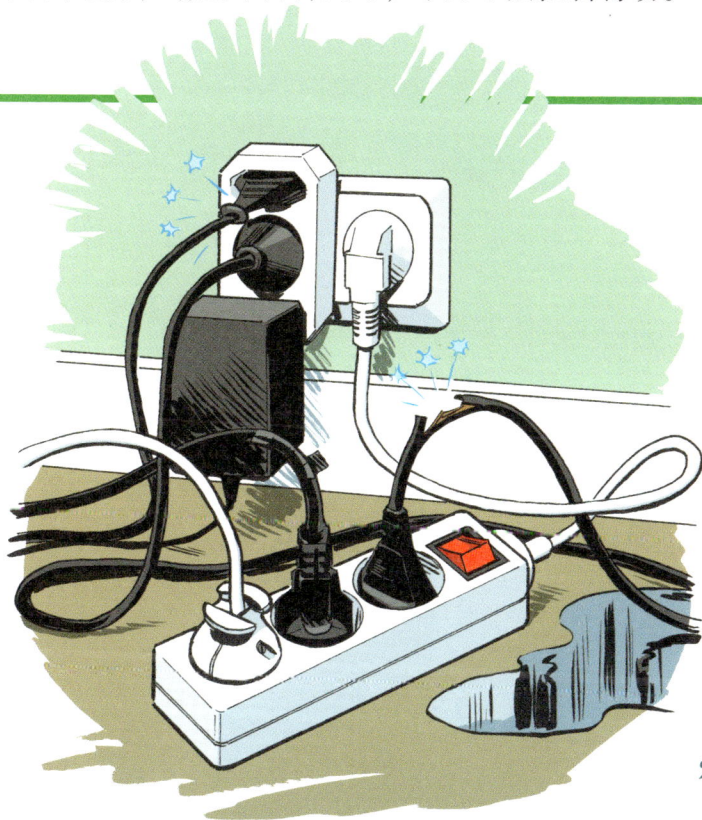

请记住：

1. 被电击的人可能会受严重的内伤，有些内伤表面上看不出来，所以不能掉以轻心，要及时就医。

2. 受到强烈电击的人一定要去医院，不能因为暂时的安全而心存侥幸。

3. 如果有人触电并摔倒，不要只在意触电造成的伤害，还要警惕其他伤害。比如更换灯泡时从梯子上摔下来，可能比触电还危险。

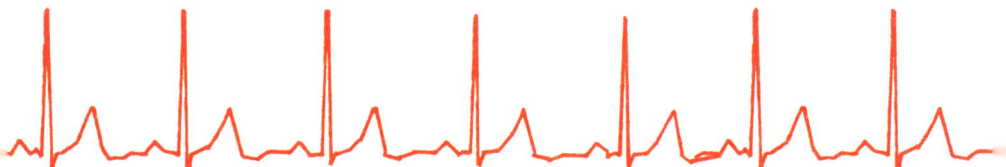

触电事件后续

外婆醒来时，还不知道到底发生了什么。但她很快恢复了意识。她没有任何地方感到疼痛，只是觉得疲倦和头晕。为了安全，外公开车把她送到了附近的医院。在那里，医生给她验了血，做了心电图。因为外婆年纪很大，而且在触电后曾昏迷，医生要她在医院里住一晚上以防万一。第二天，一位护士采集了外婆新的血样，化验结果很正常，外婆终于可以回家给洛娃和外公做饭了！这样在医院躺着是她最不愿意的！谁让外婆就是一个闲不住的人呢！

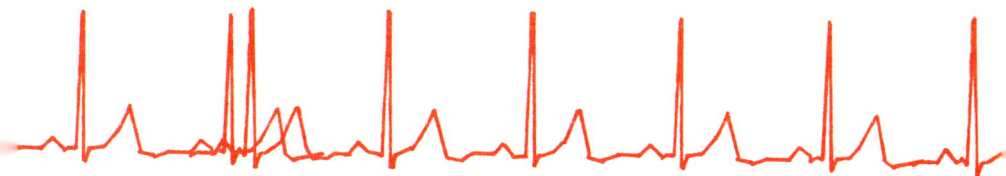

吃错药会中毒吗?

——及时记录误食情况

　　艾米和马克西去看望外公。外公做饭时,她们在卧室里玩。外公有很多不同的药丸和药片,但他的药放得杂乱无序,有的药在浴柜里,有的药在床头柜里,还有的药在食品储藏柜的最上面。艾米和其他大一点的孙辈都知道这些药片可能很危险,但最小的孙女马克西太小,不理解这些。她只有两岁,什么东西都往嘴里放,比如沙子、木勺、厕纸以及药片。艾米要去上厕所,她把马克西一个人留在房间里。虽然她只离开了一小会儿,但当她回来时,马克西手里拿着一个空药瓶,站在那里哭。因为马克西说这些药片的味道很恶心,并且还有药片的残渣粘在她的嘴里。

　　起初艾米什么也没说,她怕大人怪她没有看好马克西。她把撒在地上的药片都清理干净,并把空药瓶藏了起来。然后她安慰马克西,直到她停止哭泣。但是艾米仍然感到不安,她担心:万一那些药片有危险呢? 我到底要不要告诉大人们呢?

药物中毒的医学小常识

药物对于那些需要它们的人来说是非常有用的。药物能使人们减少患病的风险。药物有成千上万种，没有哪一种药物能够对所有疾病都有效。有时候，服用药物会产生一些不良反应，这些被称为副作用。如果服用不必要的药物，可能会导致服用者中毒。有些药物必须大量摄入才会有危险，而有的药物只需要一片就足以产生危险。

因此，如果你不能百分百确定药物是什么，就不要服用它。请记住：许多药物看起来很像，但是千万不能弄混；也不要接受陌生人给的来历不明的药物。另外，不仅药物可能有毒，洗涤剂、老鼠药和一些植物也可能有毒。即使是普通的食盐，如果摄入过量，也可能会轻微中毒。

药片的另一个风险是容易让人放松警惕。举个例子，很少有孩子会吃一包盐，但很容易将一颗粉红色小药丸和一颗糖果弄混。

药物中毒的处理方法

1. 如果有人误服了药物，要立刻告诉家里的大人。时间拖得越久伤害越大。

2. 如果可能的话，尽量记住被误服的药物种类、缺少的数量以及服用的时间。例如妹妹拿走了上面写着阿司匹林的药瓶，时间大约是下午四点钟。最好用手机、相机拍下被误服的药物的标签。

最好的急救方法就是预防事故发生。这就是为什么要注意你的附近是否有药物，特别是当你身边有年纪小的弟弟或妹妹时。

请记住：

1. 将药品放在家中安全的地方。

2. 切勿扔掉药物的包装盒（除非你要服用），否则就有混淆药物的风险。因为大多数时候，你无法从药片本身判断它是什么药。

3. 过期的药物要及时清理。

药物中毒事件后续

过了一会儿，艾米告诉外公发生了什么事情。她给外公看了药瓶和被清理的药片。外公有点担心，但没有生气。他立即将马克西带到了医院挂急诊。医生询问了马克西的年龄和体重；然后，他们想知道那个药瓶子上写了什么，以及她吃了多少片。外公不知道，但他记得事发之前瓶子是快空了的，而且被艾米清理的药共有八片，所以马克西应该没吃多少。他立刻打电话问艾米药瓶子上写了什么，艾米说是氯雷他定。

医生说这些药片没有特殊的毒性，而且马克西摄入的剂量也不是特别多，她可能会有点儿肚子疼、头晕、嗜睡，暂时没有别的危险。艾米松了一口气。外公拍了拍她的脸颊，然后承诺以后会小心保管他的药物。

喉咙被堵住？别慌！
——海姆立克急救法来帮忙

　　这是一个平常的早晨，家里一阵忙碌。诺亚因为找不到他的运动鞋而着急。阿伦拒绝吃面包，除非让他涂上很多蜂蜜和果酱。尽管今天是上学的日子，萨莎还躺在床上不想起来。爸爸出差了，妈妈在找她的手机。在一阵忙乱后，诺亚和阿伦来到厨房。

　　阿伦找到一个装有葡萄的碗。他知道空腹不宜吃水果，但还是抓了一把塞进嘴里，并尽快地咀嚼和吞咽。突然，诺亚注意到阿伦停止了咀嚼，他挥舞着双手，脸上露出极端恐惧的表情，却一个字也说不出来。

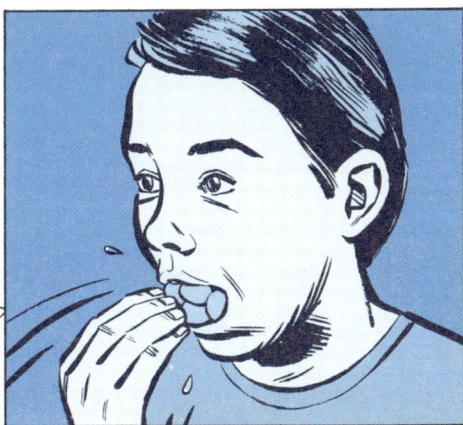

喉咙堵塞的医学小常识

　　喉咙堵塞是非常危险的。如果有东西卡在喉咙里，人就无法呼吸。最常见的情况是食物卡在喉咙里，如一颗坚果或一块肉。如果不能及时取出食物，很可能导致死亡。所以被食物卡住是一种非常紧急的情况，必须立即处理。小孩经常会把玩具塞进嘴里，这时一不小心就会吞咽下去，我们要立刻帮他们取出来。

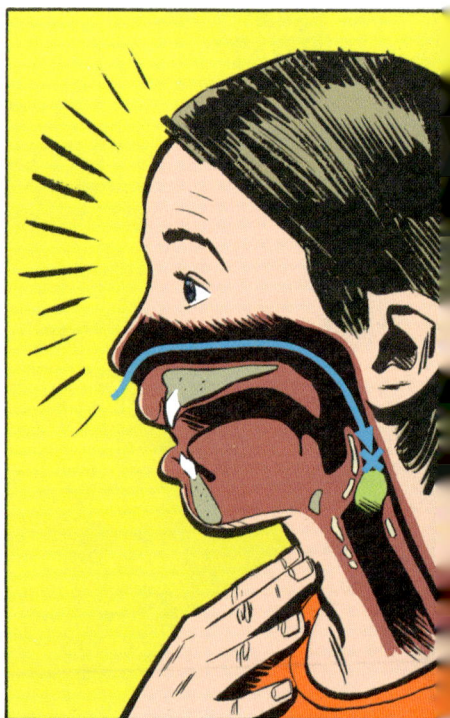

1. 询问是否有东西卡在喉咙里，并要求受伤者点头作答。

你怎么了？

2. 大声求救，但不要离开受伤者。

救命！

这里可能是这本书中最重要的部分。如果你学会这项技能，你就有可能拯救一位朋友或一个兄弟姐妹的生命。

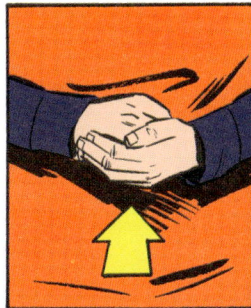

3. 你必须尝试取出卡住的异物。最好的方法是从背后给被卡住喉咙的人一个泰迪熊式拥抱。

4. 站在喉咙被卡住的人的背后，然后双手搂着那人的腹腔，双手向上和向后用力挤压。在这个过程中，被食物卡住的人肺里的空气会被挤压，从而排出堵在气管里的异物。如果一次没有成功，你可能需要多次重复这个动作。

站在朋友背后，抱住他，并挤压他的腹部，但不要太用力（因为这会让他感觉不舒服）。

如果你有一只大玩偶，你可以从背后抱着它并用力挤压。你也可以用厚的毯子或大枕头进行练习。

测试一下你不呼吸能坚持多长时间。请你屏住呼吸看着表计时。你能够坚持一分钟吗？

0:00:39

请记住：

1. 不要一边跑一边吃东西。

2. 儿童和成年人都会有卡住喉咙的风险，所以不要掉以轻心。

3. 年幼的孩子喜欢把手里的东西都塞进嘴里。所以一旦你看到小孩嘴里有东西，就要立刻取出来。

喉咙堵塞事件后续

诺亚很快意识到阿伦的喉咙里可能卡了东西。他站在阿伦背后搂住他，用力挤压他的腹部，但是没什么作用。他又做了一次。这一次阿伦开始咳嗽，并吐出了嚼了一半的葡萄。然后他一边喘着气，一边哭了起来。阿伦和诺亚两人都被吓坏了。

当妈妈从楼上下来时，他们告诉了她发生的事情。他们上午没有去上学，因为两个人都受到了不小的惊吓。这是一次可怕的经历，但结局十分幸运。此后诺亚一直称呼阿伦为"贪吃的小家伙"。

快，救救那个犯心脏病的人！
——火速送医救人一命

朱迪斯和米诺在院子里和狗玩耍。在栅栏的另一边，她们的邻居奥莱格一边吹着口哨，一边用耙子打扫秋叶。按照奥莱格妻子的说法，他早就应该做这件事了。米诺向奥莱格挥挥手打招呼。然后，她把球踢出去，让家里的狗跑去捡。狗狗会在空中接住球，然后叼着球到处跑。一群人不禁笑出声来。突然，院子里一片寂静。没有了奥莱格耙树叶的声音，口哨声也停了。

朱迪斯和米诺看到他跪在地上，无力地挥舞着左臂，另一只手则捂住自己的胸口。

这场景看起来不对劲。朱迪斯和米诺向他
喊道："您怎么啦？"奥莱格没有回答。朱
迪斯和米诺赶紧跳过栅栏向他跑去。"您
还好吗？"米诺问，"您需要帮助吗？"

医学分析

心脏位于胸腔中部。通过颈部和手腕上的脉搏，你很容易能感觉到心脏的跳动。心脏是一个非常神奇的器官，从我们出生到死亡，它一直在跳动。它有时跳得快，有时跳得慢，但从不休息。一般情况下，心脏一年会跳动超过三千万次。

为了应付如此繁重的"工作"，心脏是很聪明的：它会适当地使用自己的能量。正如汽车发动机需要汽油，心脏也需要养料才能工作，而心脏的养料就是氧气。如果心脏得不到养料，泵血量就会减少，并可能在短时间内停止跳动。你或许听说过"心肌梗死"或"心脏病发作"，这都是由于供氧给心脏的血管被阻塞而导致的。当心肌没有获得足够的氧气时，它首先变得虚弱；时间长了，它就会逐渐死亡。这会在心脏上形成一个癫痕。对于心肌梗死的患者来说，及时就医非常重要。通过及时的治疗，心脏病患者可以保住性命。

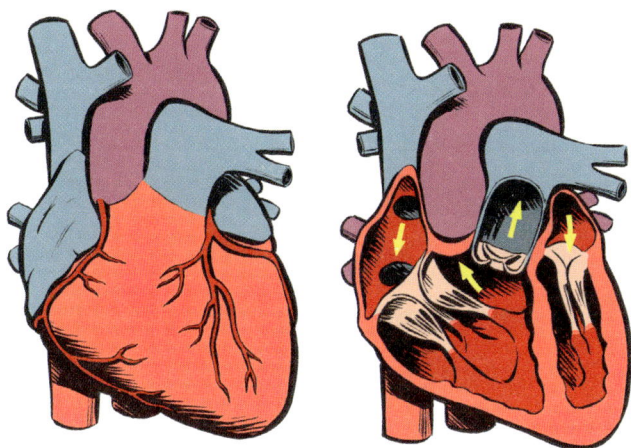

从外面看心脏和心脏的横截面

箭头显示血液的路径

治疗疑似心肌梗死的方法

1. 拨打 120，描述病人在哪里以及发生了什么事。

2. 不要尝试自行处理心肌梗死患者。

3. 心脏病患者不可以开车，也不可以自己骑自行车去医院。

雅克博医生的讲解

心肌梗死是导致成年人死亡的最常见的原因。但心脏病发作并不是绝对致命的。很多人在经历第一次心肌梗死后会幸存下来，并且可以在以后的很多年里过上正常的生活。

请记住：

1.任何人都有可能患上心肌梗死。但 40 岁以下的年轻人患有心肌梗死的现象非常罕见。

2.心脏病发作有不同的症状和感觉，这取决于病灶的大小、在心脏的哪个部位及患者的个体差异。

3.最常见的症状有胸痛、呼吸困难、左臂或下颚疼痛。其他症状包括晕厥、恶心、腹痛或疲倦。

心脏病事件后续

朱迪斯和米诺意识到奥莱格的身体状况不佳，因为他的姿势有些异常。他还说他的胸部有压迫感，左臂感觉麻木。朱迪斯拿起手机拨打 120，医院立即派了一辆救护车。救护车到达时，急救护士给奥莱格注射了镇痛剂，并使用口腔喷雾剂使其心肌能获得更多血液。在医院里，他们采集了血样，结果显示奥莱格心脏病发作，必须进行手术。后来奥莱格对朱迪斯说："这真是太神奇了。"

　　"我在手术中完全是清醒的，可以在屏幕上看到我的心脏，就像是观看烟火。"奥莱格做完手术后说道。不过他还得住院几天，以便接受观察。当他出院准备回家时，他拿到了一些新的处方药物。

求助电话怎么打？

　　每当意外发生时，人们很容易陷入恐慌。不只是孩子会害怕，很多成年人也会因为紧张而手忙脚乱。如果有人重病，首先要拨打急救电话120。在我国，拨打120是免收话费的。120急救中心每年都会接到数以万计的求救电话。因此，急救中心的人非常习惯与那些感到害怕和紧张的人说话。急救中心里有警报操作员、医生和护士，他们的职责都是帮助你。急救中心可以派出救护车，还能联系消防队和警察。在救护车和警察到达之前，急救中心的工作人员还可以给你提供建议。

记住：仅在紧急情况下才拨打120！

这些是向紧急电话接线员提供的有用信息：

我是谁？

我在哪里打电话？

谁需要帮助？

发生了什么？

即使你不知道所在的确切地址，仍然可以给120打电话求助。急救中心的人会帮你确定你所在的位置。

雅克博医生的讲述

当我在医院工作时，我的同事经常会打电话向我寻求帮助。如果病人呼吸困难，我必须立刻停下手头的工作，直接跑过去协助急救。有时候，我也需要打电话给其他人来求助。在大型医院里，往往会多个紧急事件同时发生，这时，我们之间必须采取简洁明了的语言进行沟通——这点尤为重要。在紧急情况下，这种交流比想象的要难得多。请你也尝试一下！不一定要涉及医疗事件。试着用尽可能简短和清晰的语言描述在学校发生的事情，或向父母和朋友解释一件比较复杂的事情。这种语言表达能力在某些时候可以挽救一条生命！

一个关于针刺的微型手术

——在家巧妙处理小伤口

朱迪斯在乡下过暑假时，有一天本杰明叔叔注意到她走路一瘸一拐，并且不愿意让左脚落地。晚上洗完澡后，本杰明叔叔摸了摸她的脚踝，朱迪斯说自己没有感到疼痛。但是，本杰明叔叔发现她脚底下有一个黑点，看起来有些红肿。

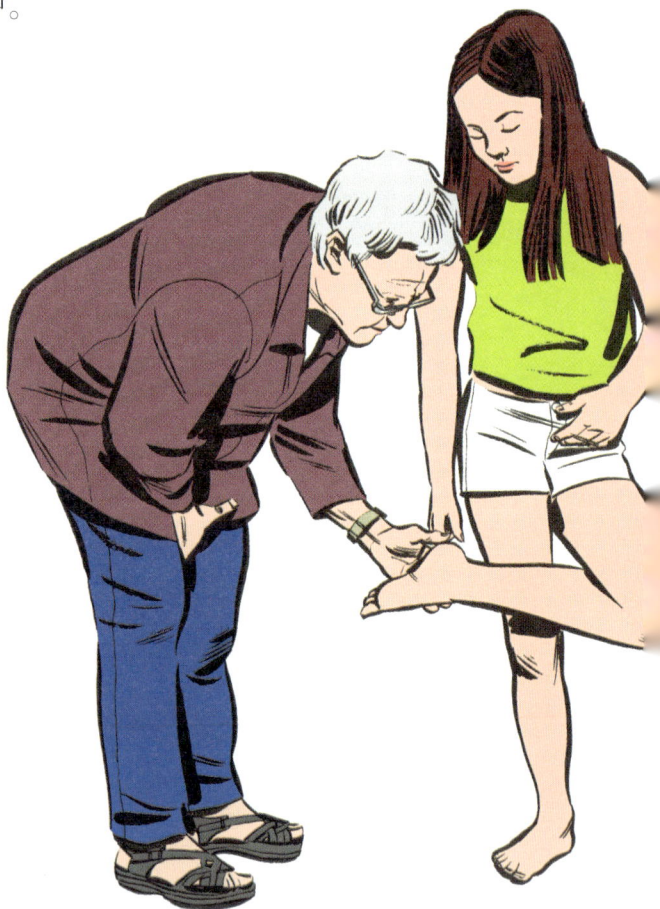

皮肤伤口的医学小常识

皮肤是身体抵御外部侵害的保护层。皮肤有很多我们所熟知的重要作用：保持体温，保留水分，皮肤中的神经使我们的手指有触觉。

皮肤还能保护身体免受危险细菌和病毒的侵害。同时，皮肤上有着许多细菌，据统计，大约有一万亿个。人们经常说细菌是有害的，但有些细菌对于保持身体健康是非常重要的。比如你的肠子里有很多细菌能帮助分解食物，以便于你的身体能够吸收营养，我们称之为益生菌。还有些细菌，如皮肤上的细菌，有助于保护你的身体。可以这样说，合适的细菌在合适的身体部位对我们是有好处的。

但是，当不合适的细菌出现在不合适的身体部位，就可能使人生病。不过还有一种情况是，即使是不好的细菌在皮肤上也不会造成任何伤害——前提是皮肤没有受伤。如果皮肤受到损伤，那么即使一个小木刺扎进皮肤，细菌也能进入皮下组织，然后导致伤口感染。

雅克博医生的讲解

有一种现象叫夏季脚，是指在夏天的时候，喜欢赤脚的孩子们脚底布满划痕和伤痕。沙子会磨损脚底的皮肤，使其变得粗糙。同时，松果、贝壳和小树枝会在脚底板划出小伤口。在国外，孩子们一个夏天会用掉很多创可贴，但这是正常的，不必过于担心。如果你害怕脚底板被划伤，可以适当减少光脚到处跑的情形。在一些卫生条件不佳的地方，注意不要光脚。

取出刺的方法

1. 确保光线充足，如果手头有放大镜就更好了。

2. 被刺伤的手或脚应平放在垫子或枕头上。

3. 给刺伤的部位消毒——建议用碘伏或清水清洗伤口。

4. 拿一把镊子和一根针准备取出刺。

5. 观察刺是从什么方向或者角度刺进去的。尝试朝着反方向将刺拔出来。

6. 尽量将整个刺拔出来。如果你不能将整个刺拔出，就剥一个小开口，观察细胞组织是否能自行把它推出来。

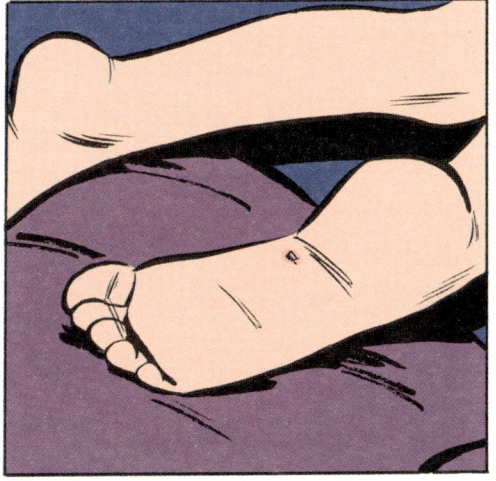

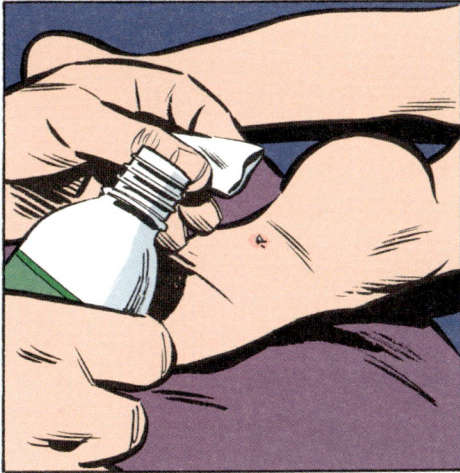

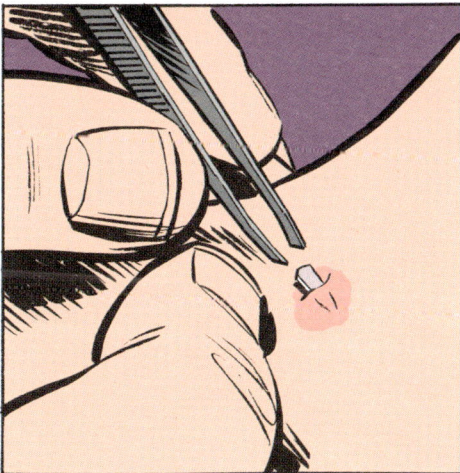

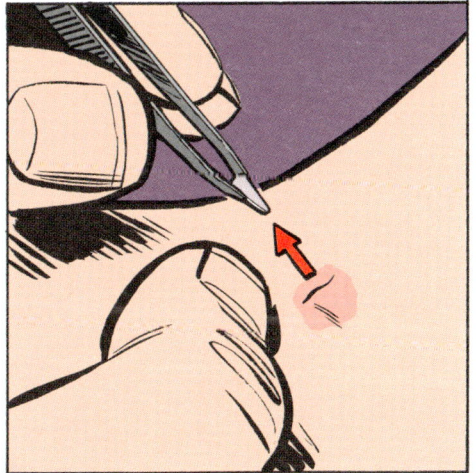

水 泡

现在，我们来解决另外一个问题：水泡。皮肤是由多层组织组成的，最外层损伤后，有时会形成水泡。水泡往往充满了气或水。有时候，我们会因为烫伤而起水泡，有时候会因为鞋子摩擦而起水泡。通常来说，水泡下面的皮肤会受到轻微的损伤。尽量保护水泡，不要刺破它，这是身体自身的"创可贴"。

如果水泡是因为磨脚造成的，那么暂时换双鞋子。如果你经常磨脚并且时常外出郊游，出远门时请带上一些特殊的防磨贴。它们比普通的创可贴厚一点，内部有仿皮肤组织的凝胶，像一个果冻垫。这种防磨贴可以缓解疼痛。另一个避免磨脚的方法是穿两层袜子，这样一来，就可以有效保护脚不被鞋子摩擦。

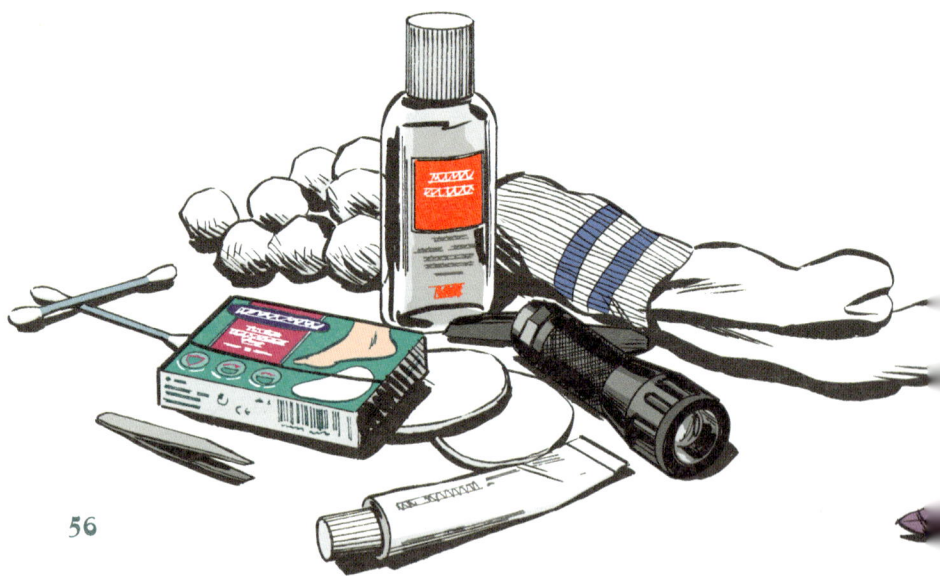

针刺事件后续

　　本杰明叔叔怀疑朱迪斯脚底扎进了什么刺。他从药房买来麻醉软膏，涂在朱迪斯脚上，并让麻药在她脚上敷一小时。在敷麻药的过程中，他让朱迪斯一边继续看着电影，一边吃着雪糕。一小时到了，本杰明叔叔把朱迪斯的脚放在自己膝盖上，并用他的腿夹住。他拿出用酒精消过毒的针和镊子，小心翼翼地刮那个小黑点，并慢慢地向里深入，不久后，一些脓液开始流出来。很快，本杰明叔叔在小黑点处看到了一小片贝壳的边缘，他用镊子将其取出。朱迪斯几乎没感觉到这个"微型手术"。

急救包里有什么?

当你想要帮助遇到意外的人时,往往需要一个急救包。它就像工具箱一样。比如当你做木制手工时,你的工具箱里会放很多东西,有些工具特别重要,比如小刀。如今,每个人都随身带着手机,这也是一种重要工具,它不仅可以用来寻求帮助或作为地图导航,还可以拍摄伤口或所使用药物的照片,方便我们就医时让医生更好地了解情况。

记住:帮助别人最重要的工具就是你聪明的大脑!如遇到意外,请保持冷静!

雅克博医生的讲述

　　我有一个非常大的急救背包，我长途旅行时就把它放在车里。背包里面有的药物以及工具比较多，能够让我照顾病情严重的人好几个小时，以便等待救援。但是我也有一个小的急救包，只有铅笔盒那么大。当我们春游、攀岩或划橡皮艇时我就带着它。

急救包里的好东西

1. 创可贴

大多数的伤口都是小伤，比较容易处理，贴一个创可贴就行。创可贴能帮助伤口止血，防止感染。在医院里，医生通常只会缝合大伤口。如果在家里或郊游时发生小的磕碰受伤，用创可贴把伤口贴上即可。

2. 绷带

有两种不同类型的绷带：止血绷带和弹力绷带。止血绷带通常在流血很多的情况下使用，便于止血——也叫压力绷带。弹力绷带通常用来包扎扭伤的手或脚。另外，还有一个小建议：你可以将身体受伤的部位固定在木条上，防止伤情加重。

3. 消毒湿巾

消毒湿巾体积小，不占太多空间，但非常适合清洁伤口或擦拭自己的双手。

4. 手电筒

一些安全事故经常发生在陌生的地方和预料不到的时间。建议你在急救包里放一个小手电筒。你可以用它察看伤口的情况。如果受伤的时间是晚上，你也可以用手电筒照明，方便你在急救包里找需要的急救物品。

5. 塑胶手套

一副塑胶手套既可以保护你自己，也可以保护你想要帮助的人。伤口上经常有血迹和污垢，你应该保护你自己免受污染。戴上塑胶手套还可以减少你手上的细菌或病毒进入伤口的风险。

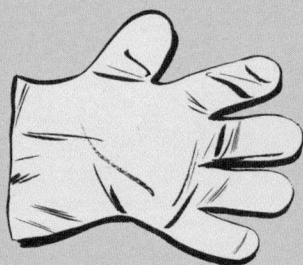

6. 胶带

有很多种情况可以使用胶带，比如用来粘住绷带、贴合伤口，或者缠住扭伤的脚和手指。建议你最好买弹力胶带，这样用处更广泛。弹力胶带可以更好地固定可能骨折的地方。

7. 一把锋利的小剪刀

很多急救箱里都有一把大而钝的剪刀。但是，如果你需要剪开衣服并避开伤口，小而锋利的剪刀更好。小剪刀还可以用来剪很多其他的东西，比如剪创可贴和绷带。

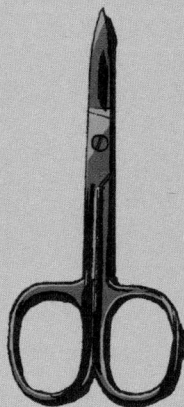

其他必备品清单

镊子：用于拔除扎进肉里的针和刺，以及在贴胶带时将伤口边缘的胶带固定在一起。使用前后要用消毒液清洗镊子。

安全别针：用于固定绷带，也可以用来拔出扎进肉里面的刺。

温度计：最好是便于使用的口腔温度计。

耐磨创可贴：小巧而实用，非常适合贴在磨擦伤口处。它可以让你体验到一次痛苦的散步和一次愉悦的散步之间的巨大区别。

纸和笔：当有人受伤时，我们很容易因紧张而记忆混乱。一支笔和一个记事本可以记录重要信息——如某人摔倒或撞伤的时间等。

哨子：我们已经谈论过寻求帮助的重要性了。吹哨子可比叫喊呼救好多了，这样做可以有效吸引可能帮助你的人的注意力。

两颗糖果：如果有人受伤，不妨给他一颗糖。糖果能提供能量并安抚伤者情绪。如果你因为必须做某些事情而感到疼痛，比如要从伤口中取出刺或洗净伤口中的泥土、碎石，建议你在嘴里含一颗糖果，这样能缓解紧张情绪并转移注意力。

将一袋冷冻的豌豆用于冰敷，有益于肿块或肿胀的关节。

如果你手头没有绷带来绑住流血的伤口，可以使用衬衫或围巾。

有人扭伤了脚，如果没有弹力绷带，可以用家里任何有弹力的东西缠住他的脚，如一双长筒袜。这情景看上去有点搞笑，但确实有效。

报纸和绳子可以用来固定受伤的手臂。

如果没有碘伏或酒精，用肥皂清洗伤口是最好的。

可以用厨房里常见的那种塑料薄膜轻轻覆盖在烧伤处，这样做可以减轻疼痛并降低感染的风险。

纵身一跃，牙就没了！

——先别丢掉被磕掉的牙

牙齿损伤的医学小常识

牙齿是我们身体非常重要的组成部分。通常我们一天刷两次牙。只要一切正常，我们就不会特别去关注牙齿。但是你需要了解的是，牙齿有几个重要的功能。比如我们吃饭需要牙齿。牙齿还给口腔提供支持，帮助口腔保持稳定性，使我们能够好好说话。如果没有牙齿，说话会含糊不清。比如字母 F，就会很难发音。尝试张开嘴，但是不让牙齿碰到一起说"福建"时，你就会体验到这种感觉。

下次刷牙时，请你透过镜子看看你的牙齿。你能看到你有四种不同形态的牙齿，分别是切牙、尖牙、前磨牙和磨牙。牙齿有坚硬的表面、牙釉及牙齿内部的血管和神经。就像你身体的其他器官一样，你的牙齿也是活生生的。牙齿的周围是牙龈。显然它也是有生命的，它也像牙齿一样会被损坏。因为牙龈血管丰富，所以经常会出很多血，但牙龈受伤后愈合的速度也很快。

口腔内另一个可能会大出血的器官是舌头。人们常常不小心咬到舌头，这种情况烦人又痛苦，但一般没有危险。

雅克博医生的讲述

　　记得第一次牙齿受伤时，我才五六岁。我的哥哥和我在厅里追逐打闹，这时，外面下雨了，我试图像在电视上看到的那样双脚跳进靴子而不是穿上靴子。结果我失去了平衡，身体向前摔去，门牙（中切牙）撞到了门上。那时，我非常痛，也很害怕。然后妈妈从厨房柜子里拿出一杯饮料。我一口喝下去，满嘴都是血和橙汁混合的味道，至今令我难以忘怀。

当一个人六七岁时，他开始换牙，他的乳牙脱落，慢慢长出恒牙。大部分人在十二三岁时已经长出 28 颗恒牙。

牙齿是这样生长的：恒牙的原基在乳牙的下面。如果不小心伤到了乳牙，恒牙的牙基也有可能被伤到。所以牙齿受伤后，最好让牙医及时检查。

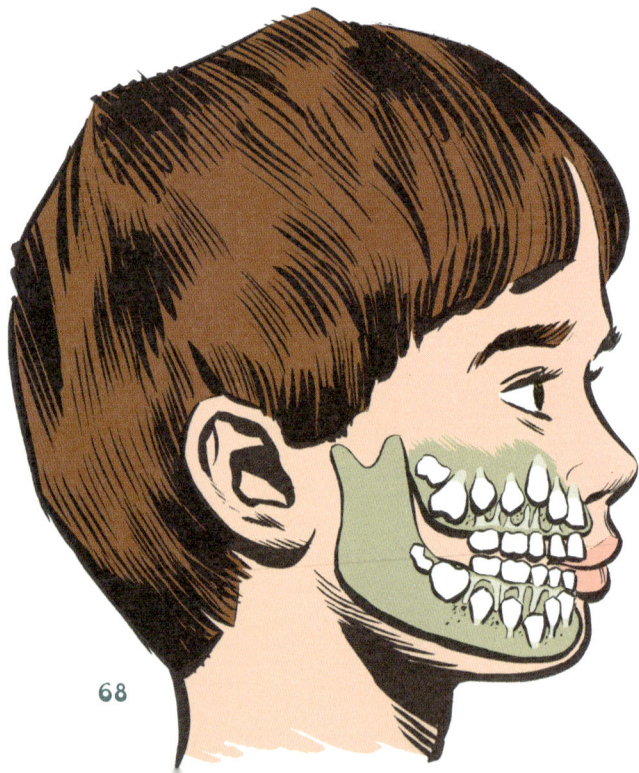

对于牙齿损伤的建议

如果恒牙受损，你应该这样做

1. 如果牙齿从口腔中脱落，请将其冲洗干净并放入一杯牛奶或淡盐水中。如果你在野外弄伤了牙齿，既没有水也没有牛奶，你可以试着把牙齿重新放回牙槽中，直到获得帮助。

2. 如果一颗牙齿歪了但没有脱落，那么尽量小心地将它在牙槽里扶正，然后去看医生。

3. 如果没有其他必须先处理的损伤，尽快去找牙医。也就是说，当你就医时，第一个要找牙医。

口腔内其他损伤的处理方法

如果牙龈出血，拿一块干净的纱布，将其卷起来放在出血的部位，并轻轻咬合 15 分钟或更长时间；然后检查出血是否停止。

如果舌头出血，可以用一块纱布直接压在出血点上面。

如果脸颊受到冲击，将一袋冷冻的冰块放在脸上，你会感觉很舒服。冷冻的物品可以缓解疼痛并减轻面部肿胀。

你会爱护牙齿吗？

请爱护你的牙齿，因为它们将陪伴你很多年。请记住：每天刷牙两次，牙齿受伤或出现不适时应及时去看牙医。当你进行一些容易使牙齿受伤的运动时，比如拳击或冰球等，你一定要使用牙套保护你的牙齿。还要记住，不要把牙齿作为工具，来咬开瓶盖或其他硬物。

牙齿损伤事件后续

爸爸下班回家，送我去看牙医。医生检查后发现，有四颗牙齿松动，其中两颗被拔出。在我的恒牙长出来的前几个月，我有两个实实在在的牙洞。后来，我的牙齿最终变得完全正常了。从那时起，我就一直喜欢橙味的饮料。

尾 声

亲爱的读者，当你读到这里时，你已经非常棒了！因为你学到了很多有用的东西，你可以成为一个真正帮助他人的人。我们相信你会正确运用你的新知识。不过你也要知道，知识也伴随着责任，当你运用急救知识的时候也不要忘记求助，因为一己之力始终有限。当事故发生时，首先要做的是向成年人求助，比如拨打急救电话。如果暂时没有专业的救助，你就可以运用你从这本书里面学到的知识帮助伤者！

勇敢地尝试，智慧地救人。祝你顺利成为超级小·英雄！

雅克博医生的结束语

　　所有医生都知道一句口诀：看一次，做一次，教一次。这个口诀告诉我们，首先要有人展示如何做某事，然后你自己去做，下一次你就可以教别人如何做。本书是口诀中的第一步，你已经看到了别人如何进行急救。剩下的两步你可以自己试着去完成。请你运用急救知识来实践，并教会更多的人吧！

户外安全标识知多少?

　　亲爱的小读者，我们在户外活动时，是不是经常看到一些安全标识呢？请你认一认，下面这些安全标识有什么含义。

救护日记

亲爱的小读者，你在生活中有没有经历过让你难忘的安全事件呢？比如根据自己的经验帮助了别人，或者和别人一起帮助其他受伤的人。

请你用日记的形式把这些经历记录下来吧！

_____年_____月_____日

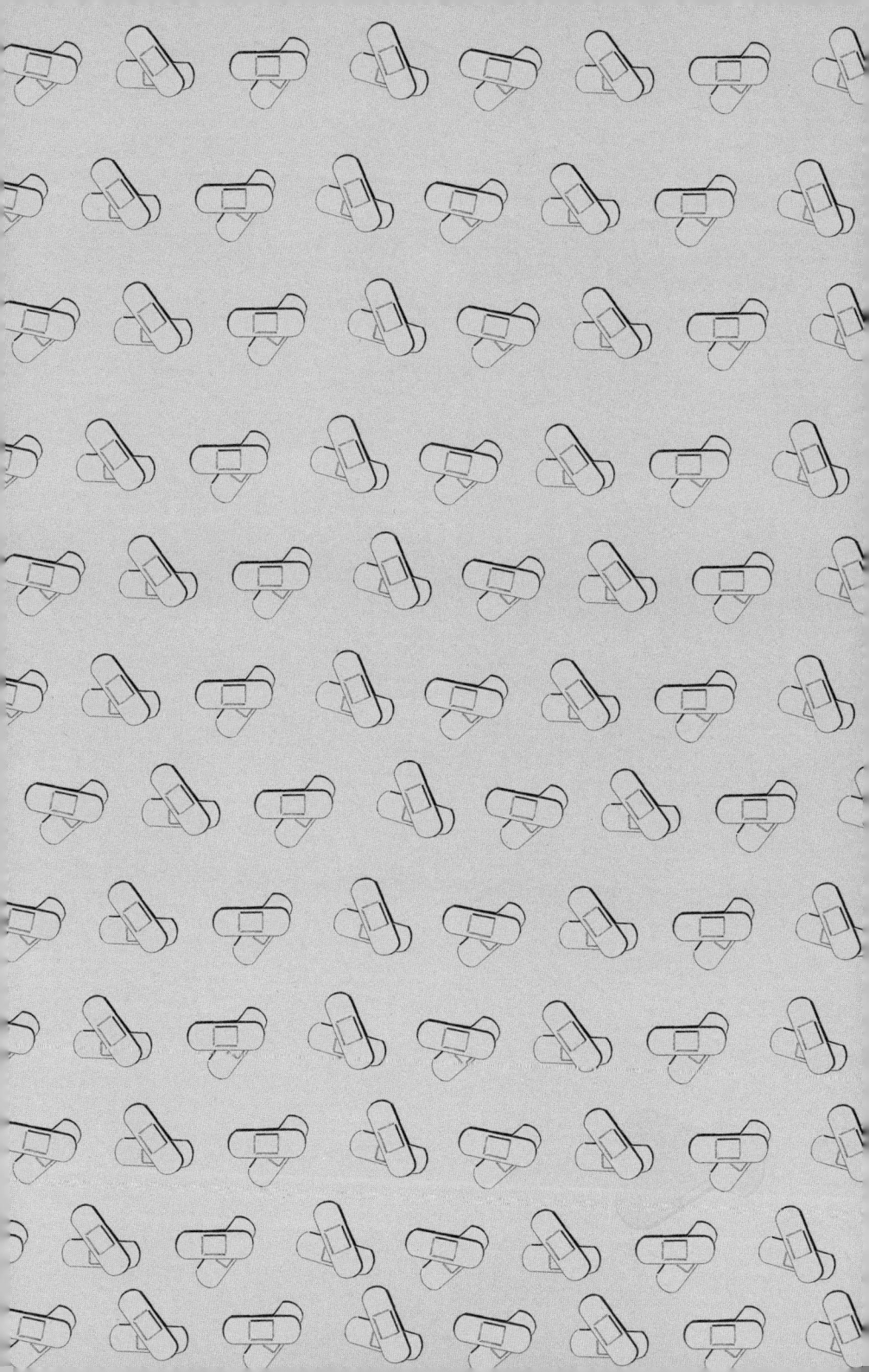

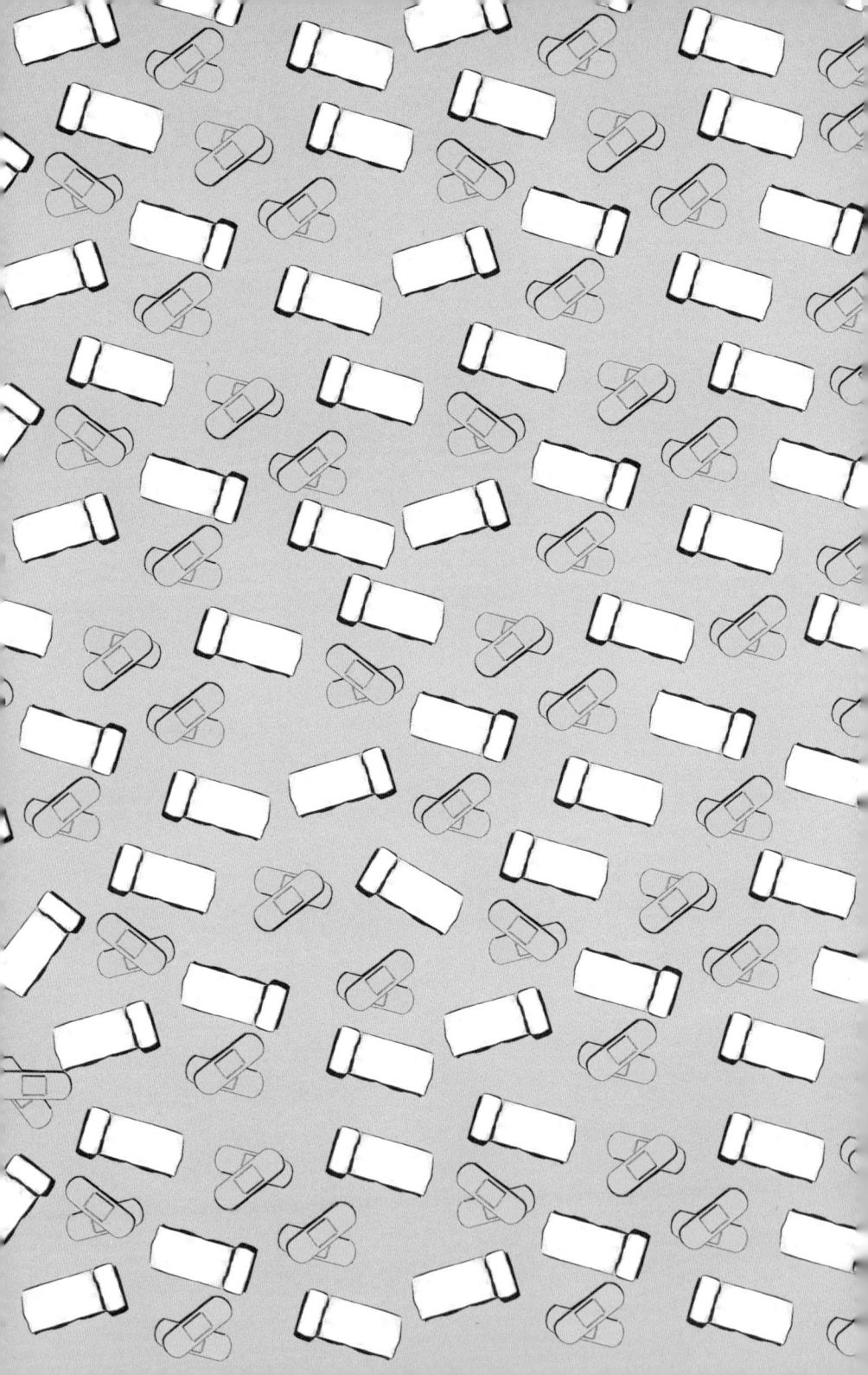

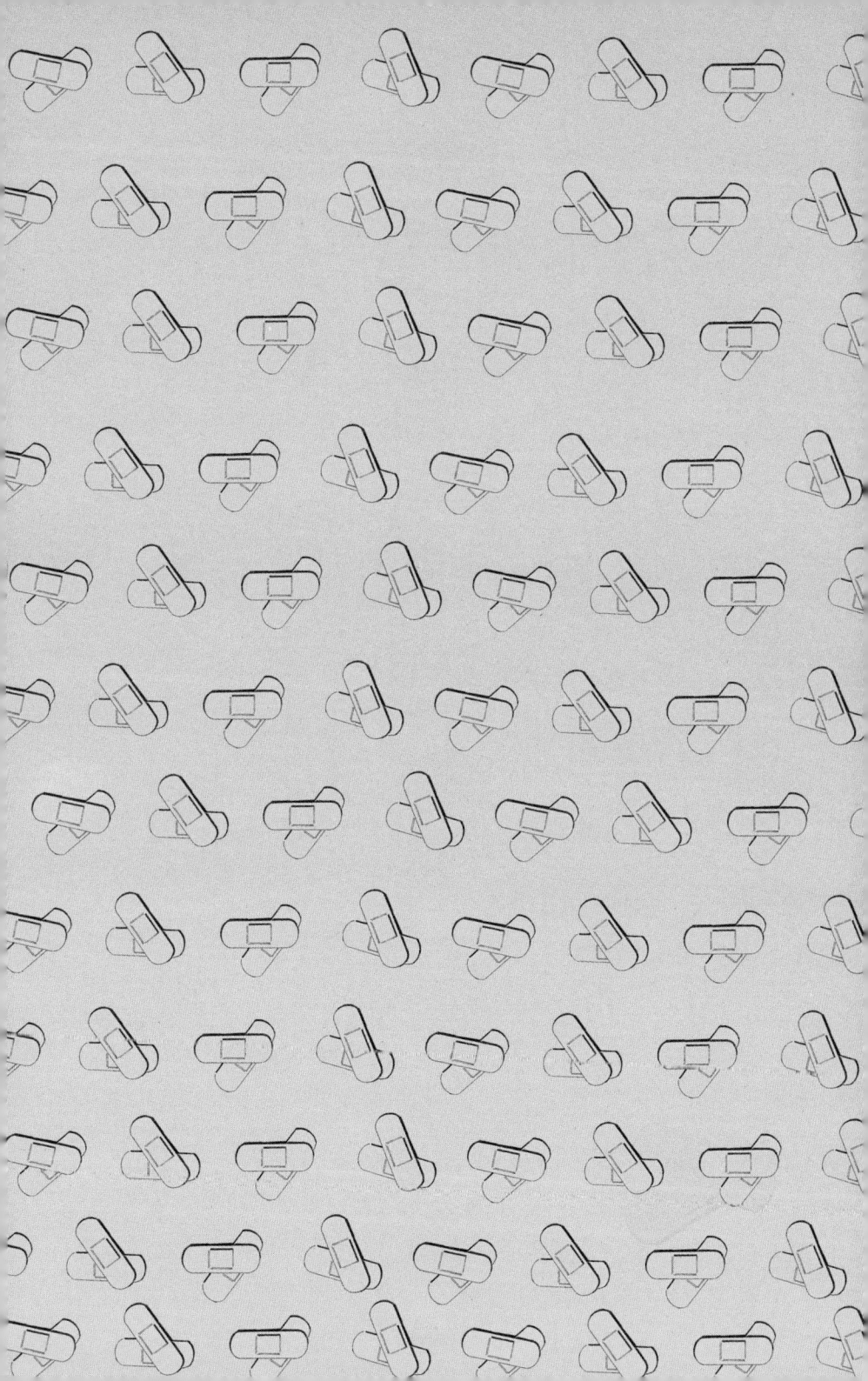

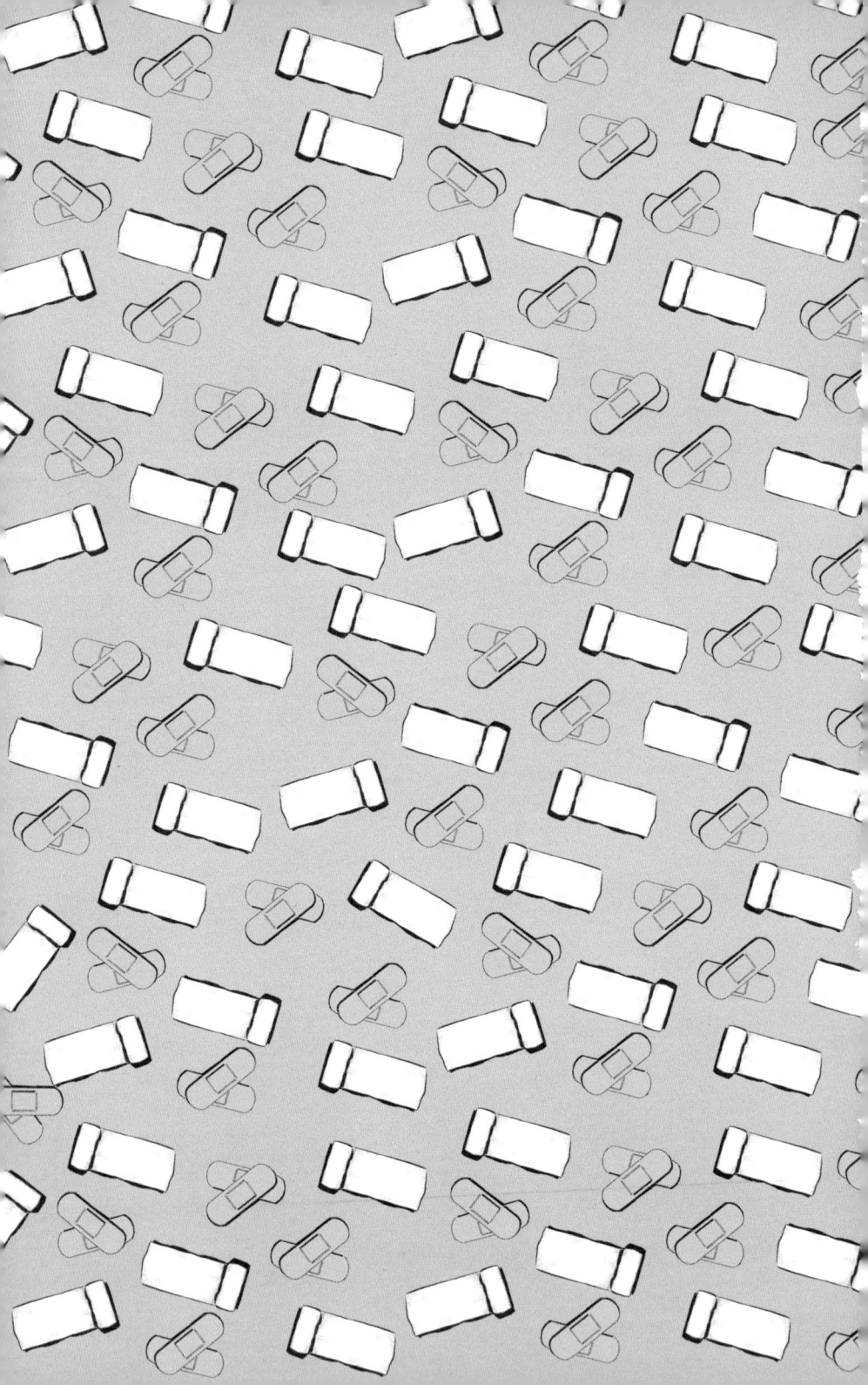

室外篇

青少年安全知识手册

[瑞典]雅克博·瑞兹·恩德尔　　[瑞典]马茨·万伯拉|著

[英]格兰·哈姆|绘

[瑞典]罗敷　[瑞典]徐明华|译

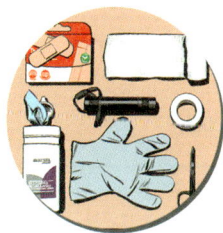

长江出版传媒　长江文艺出版社

当你学会了，尝试去教人；

当你获得了，尝试去给予。

——送给每一位青少年

目 录

你准备好了吗？

所有人都会受伤，每个人都需要得到帮助。有时候，也许这个帮助他人或有能力自救的人，恰恰是你自己。

幸运的是，我们出生的时候就已经拥有成为"助人助己小英雄"的重要能力。这些能力体现在你的眼睛、耳朵、手上，尤其体现在你的大脑上。这本书就是你需要的工具，让你在紧急情况下以最合适的方式使用它。无论你是要止血，还是剔除一根恼人的刺。

也许听起来有点吓人，但受伤的确是生活的一部分。在大多数情况下，受伤不一定有生命危险。你在攀登山峰、骑行或用刀雕刻时，不要盲目冒险，但也不要因过于害怕而裹足不前。有时候，我们会受些轻伤。这没关系，我们的身体有自愈的能力，你可以学习如何帮助伤口愈合。这比你想象的要简单。

大部分人会因为受伤而担心或害怕。但我们也不必为那些大概率不会发生的事情整日惴惴不安。例如本书的作者雅克博医生游泳时担心被鲨鱼咬，另一个作者马茨恐高，他甚至连爬普通的室内梯子也犹豫不决，绘者

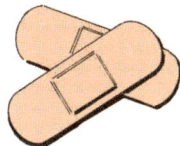

格兰·哈姆一看到注射器和针头就晕。我们在使用家用电器时往往不会害怕，但被烤面包机烫伤的人可比被鲨鱼咬伤的人多一百倍。

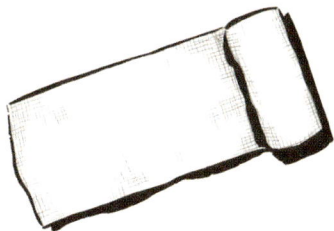

事实证明，我们经常为那些没必要的事情焦虑。而减少焦虑最好的方法就是了解事情的真实危险程度。在这本书中，我们将介绍日常生活中容易受到的各类伤害以及处理它们的办法，从而减少大家对伤害的恐惧感。掌握了救人救己的方法，每个人都可以做自己的小英雄！那么，现在就让我们踏上成为小英雄之路吧！

雅克博医生的讲述

不要对受伤有过度的焦虑和恐惧感。从瑞典到南非，我曾经在许多不同的医院工作过。在不同的国家和医院里，我见识过病人们五花八门的受伤经历：有从屋顶摔下来的，有遭遇车祸的，有身受刀伤或被烧伤的。有一次，我还接诊过一个被鸵鸟严重咬伤的人。从我的经验来说，几乎所有受过伤害的病人都能病愈而归。尤其是你们，可爱的青少年！你们的身体犹如茁壮成长、坚强且很有韧性的小树，身体各项机能以及自我恢复能力常常令人惊叹。

哎呀，伤口在流血！
——按压、包扎或缝针

　　今天是快乐的休息日，所以丹妮和其他孩子在家门前的庭院里组织了一场野餐活动。年龄较大的孩子们追逐打闹，而莉亚跟在后面试图追上他们。只见她一手拿着一杯覆盆子汁，另一手还拿着一个肉桂卷。这样一来，她跑步时的注意力就被分散了，结果绊倒在了路边的石头上。莉亚狠狠地摔倒了，果汁杯也摔碎了。破碎的玻璃划破了她的手，她不禁放声大哭。丹妮、莉亚的姐姐听到莉亚的哭声，赶紧跑过去看她怎么回事。只见莉亚跌坐在地，手正在流血。

外出血的医学小常识

你肯定注意到了，伤口正流血的时候是软的，止血后会变干燥，然后长出硬硬的痂。这就是身体自带的止血功能。人体内主要有两种血管：静脉血管和动脉血管。此外，还有一些被称为毛细血管的小血管。静脉血管将血液从身体其他部位输送到心脏，它的壁很薄。动脉血管将血液从心脏输送到身体的其他部位，它的壁很厚。动脉血管内的压力远高于静脉血管，如果动脉受损，会引发大量出血。

在日常生活中，大多数出血是由毛细血管和静脉血管受损引起的。在这种情况下，血液会渗出或流出。如果动脉受伤，血液会像泵一样喷出来，很难被止住。还好动脉出血这种情况并不常见。一旦出现动脉大出血，必须采取专门的医疗措施来止血。

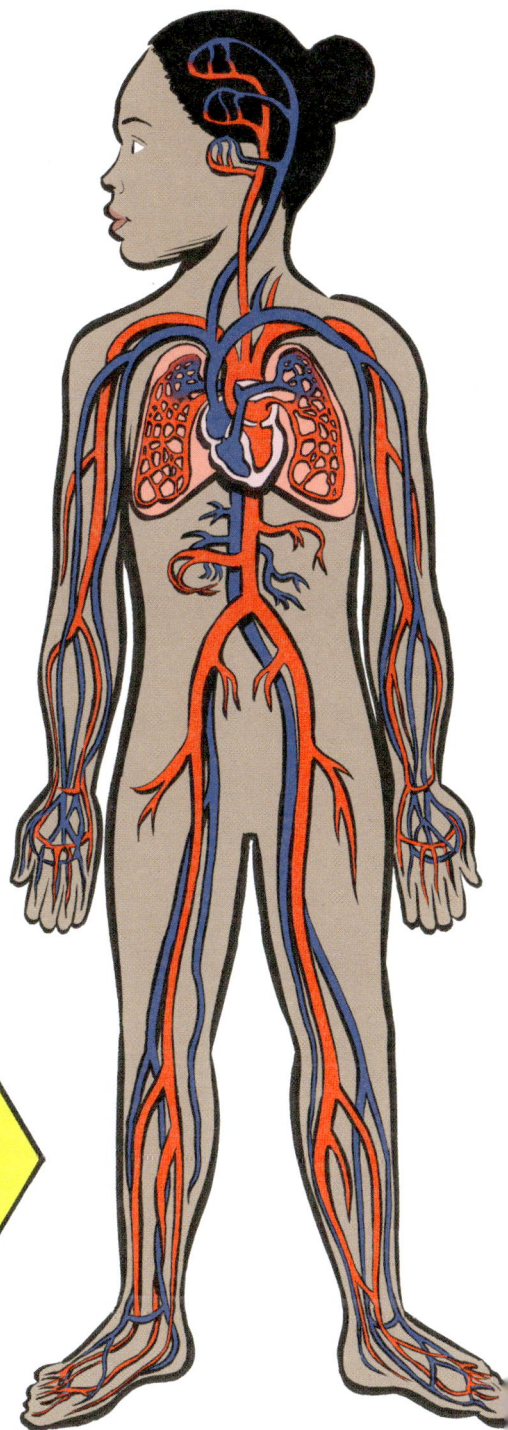

在这幅人体血管图中，静脉血管是蓝色的，它将血液输送到心脏；而动脉血管是红色的，它从心脏泵出血液。

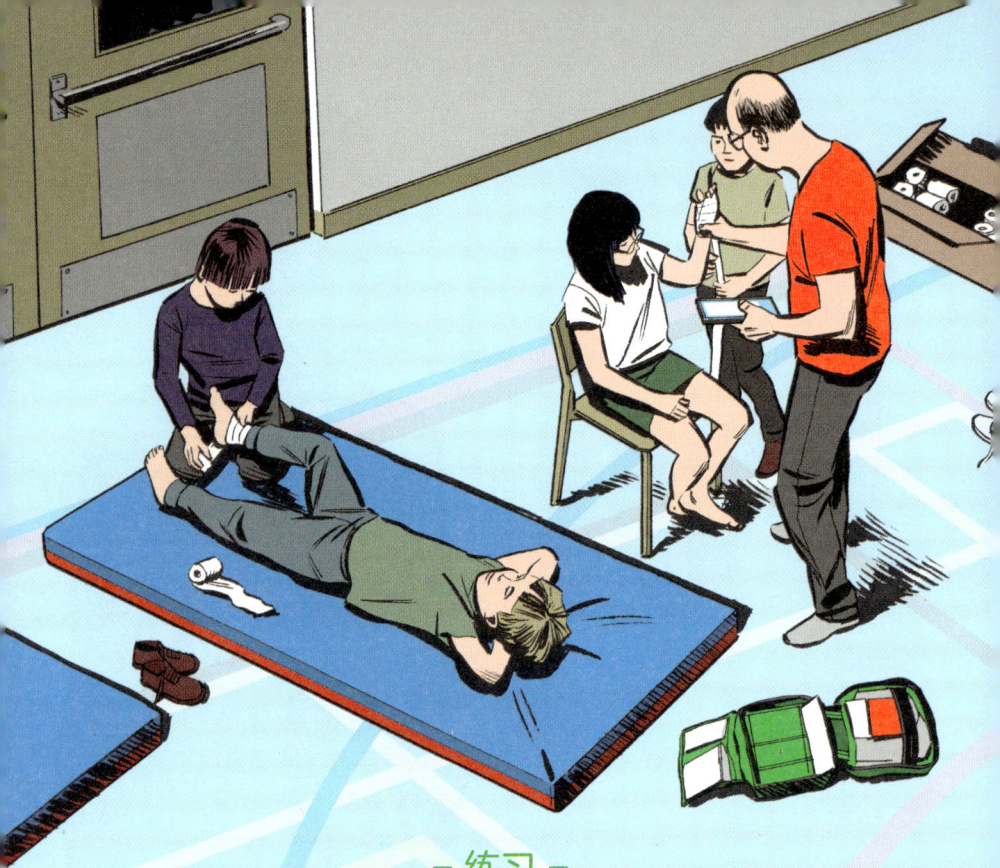

　　试着将折叠的布料绑在朋友身上，让他感受布料捆绑带来的压力，估量在身体出现痛感之前可以施加多少力量。

　　互相练习包扎。你们可以多次使用同一块绷带，在彼此身上不同的部位练习。建议在手、脚、大腿和额头等部位练习包扎。

　　不要在练习时使用束紧绷带！这会很疼，并且有可能很危险。

雅克博医生的建议

受伤会使人产生疼痛感；但当你按压伤口时，通常不会特别疼痛，也不会使伤口恶化。所以你不必担心这样做会伤害你的朋友。

止血的方法

1.按压伤处。使用你能找到的干净的材料，如衬衫或一块布，压在伤口上。没有衬衫或者布，其他类似的东西也可以。

2.如果可以，将受伤的身体部位抬高。

3.请人去拿一些止血的药物，同时自己缠上绷带，然后继续按住伤口止血。

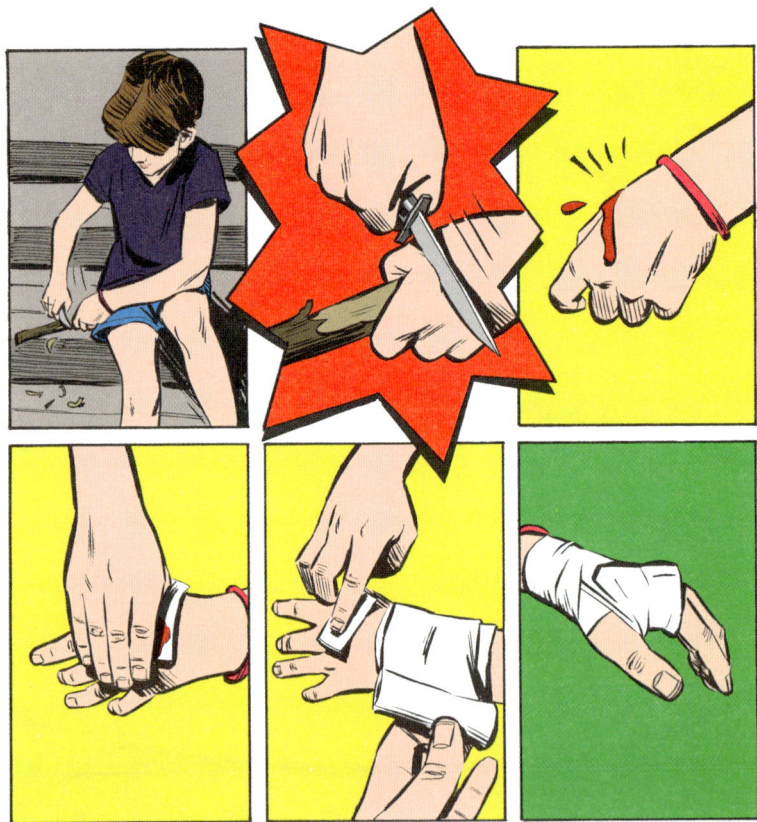

请记住：

流血的情景看起来很吓人，但实际情况往往比看起来要好。有些人一看到血就晕，如果你也会这样，不妨坐下或躺下，尽量使自己保持冷静。

外出血事件后续

丹妮拿了一张纸巾，用力按在莉亚的伤口上。过了一会儿，她把纸巾拿开检查了一下，发现伤口很深，还在流血，所以她继续按住伤口。只要她按住，伤口就不流血；一旦松开，就又开始流血。她们打电话给外公，外公来接她们，并开车送她们去医院。在去医院的路上，丹妮一直按着莉亚的伤口。来到医院后，医生仔细检查了伤口，清理了上面的泥土和玻璃碎片，然后给伤口敷上麻药，最后将伤口用针进行缝合。

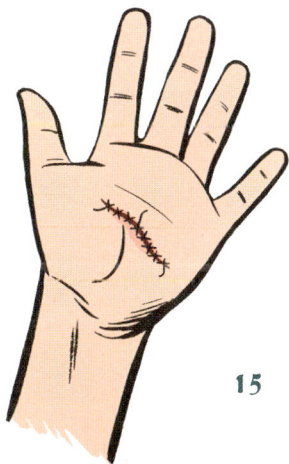

请你学会正确救助

雅克博医生的自述：

　　尽管我是一名在很多地方工作过、有丰富经验的医生，但我每天都会寻求帮助。我这样做是为了那些生病的人，也是为了与我一起工作的同事们。

　　我发现，被人寻求建议是一件有趣的事情。而我向别人求助时，也有机会学到新东西。如果我总是独自工作，按照自己的方式行事，那我就什么也学不到，并且很快会感到无聊。没有人会因为我向他们寻求帮助而认为我是一个糟糕的医生。情况恰恰相反。如果你寻求帮助，说明你十分坦诚而且表明了事情的严重性。被你求助的人也会感受到你的尊重。

　　我写下这些文字的目的是想让你了解在第一时间寻求帮助的重要性。在这个过程中，有机会向越多的人求助，你所能获得的帮助就会越多。即使是一些简单的事情，比如拔出一根刺，向成年人求助难道不是一个好主意吗？你可以告诉你身边的大人："我要从艾芭的脚上取出一根刺来，我们在客厅，请来帮帮我们。"

但如果遇到紧急情况却无人可以求助时你该怎么办呢？这时，我们要继续想办法。比如拨打医疗紧急救援电话或报警电话。

记住：积极寻求帮助永远是正确的！

有人掉进水里，快救她！

——警惕干性溺水

　　这一天阳光灿烂，马伦水上游乐城挤满了人，水面上波光粼粼。法蒂玛和她的朋友莱莉结伴在那里玩耍。现在只有莱莉在游泳，法蒂玛在岸上的毯子上坐着。当几个大男孩开始在水中互相扔东西和摔跤戏水时，莱莉站了起来，朝着泳池上的水桥走去。法蒂玛虽然会游泳，但她不喜欢这样喧闹的场景。当法蒂玛出神的时候，莱莉来到了水桥上，并向她招手。

　　正在这时，两个男孩子互相推搡时撞到了莱莉。她在又湿又滑的桥上滑倒了，侧身落入水中。法蒂玛站起来看了看，发现莱莉没有浮出水面。那些男孩子也没注意到有人落水，他们站在那里仿佛什么也没发生一样嬉闹着。法蒂玛心急如焚地向水桥奔去。

溺水的医学小常识

当人无法呼吸，比如被水淹没时，他会在几分钟内晕厥，再过几分钟就会死亡。这听起来很可怕，事实上也确实如此。我们要有意识地防范溺水的危险。但这并不意味着我们一辈子都要待在陆地上。无论在海里、湖里，还是游泳池里，游泳都是一件很棒很有趣的事情，特别是与朋友们一起游泳。但是如果不幸发生了意外，我们该怎么办呢？这个时候，最重要的是尽快把溺水者从水中救出，同时要确保自己的安全。在救人的过程中，喊"救命"也是很重要的，虽然这可能会很费力。

由于水的传热效果比空气好得多，所以你在游泳后可能会觉得身体非常冷。通常，你的身体保持着大约37摄氏度，而在炎热的夏天，水可能只有20摄氏度。长时间被水淹没的人可能会因此变得体温过低。所以，溺水者被救上来后，可以用毯子或毛巾帮助他恢复体温。

必须遵守的游泳规则

不要单独游泳

时刻关注在水里的朋友

不要高估你或你朋友的泳技

雅克博医生的讲解

有一种不常见的情况叫"干性溺水"：曾经遭遇过溺水事故并且让水进入肺部的人，数小时后可能会出现呼吸困难。他的症状还会表现为感到非常疲倦，很想睡觉。这时一定要带患者去医院检查，确保其呼吸正常。还有一个要重视的问题：小孩子可能会悄无声息地溺水。他们在溺水时没有发出尖叫，也无力挣扎，但他们已经面临生命危险。因此，对监护人来讲，时刻警惕孩子远离水域或密切关注戏水中的孩子非常重要。

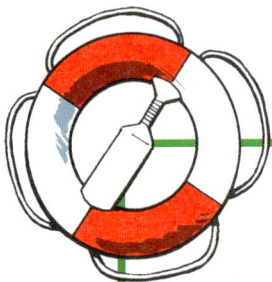

– 练习 –

报名参加游泳培训机构的救生课程。

下次游泳时，练习从水池中拖拽一个朋友上岸。

来到室内游泳场所后，第一时间留意救生圈的位置。

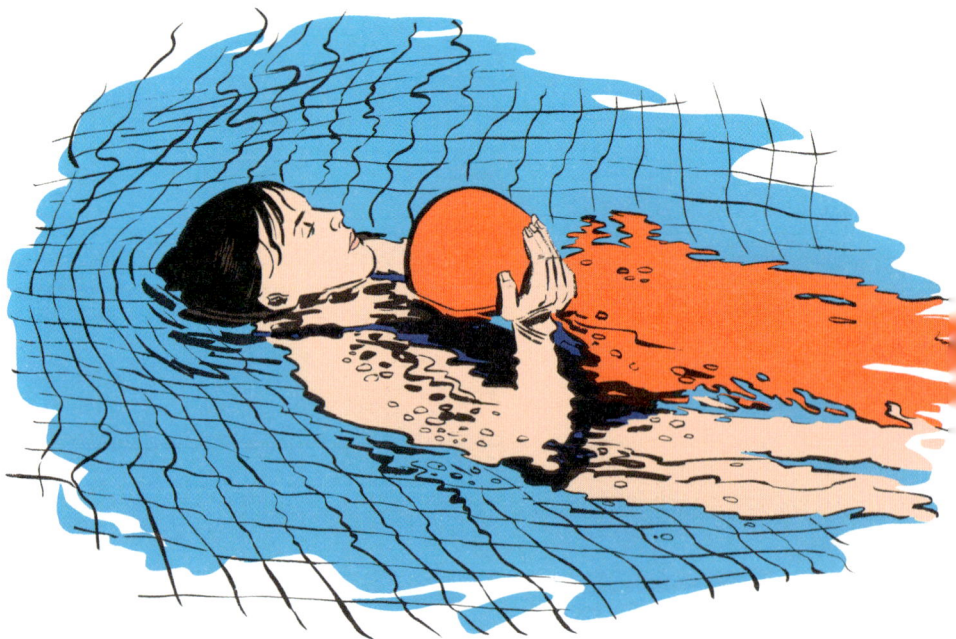

溺水事件后续

  一位带着孩子的母亲看到莱莉溺水了。她跳进水里，帮助莱莉把头抬出水面。莱莉拼命咳嗽着，感到十分害怕。幸运的是，除了呛水，她似乎没有受伤。法蒂玛帮助这位妈妈把莱莉抬到桥上。然后，她斥责那些嬉闹的男孩。男孩们现在才明白差点闯了大祸，他们一个劲儿道歉，为自己的莽撞行为感到万分羞愧。

好疼，骨头断了吗？

——固定伤处最重要

今天是一个非常适合滑雪的日子，地面上大量的积雪沙沙作响，天气也不是很冷，人在滑雪的时候会比较放松。埃利奥特、阿伦带着表妹艾莉莎和玛蒂尔达一起在林子里滑雪。她们从坡道上飞驰而下，穿过树林，滑过松软的积雪，寻找着跳跃的机会。户外滑雪就像在森林轨道上乘过山车，她们不仅要应对坡道和急转弯，还必须躲过冷杉树。没想到，意外发生了！在一个急转弯处，阿伦根本来不及反应，她右脚的滑雪板就突然飞了出去，靴子也卡在了一棵小桦树的树杈上，紧接着她整个人向前摔了出去。随即腿上传来一阵剧烈的疼痛，阿伦再也无法动弹。

骨折的医学小常识

我们的身体是由肌肉和骨骼组成的，这二者是身体架构的基础。骨骼赋予身体稳定性，所以我们能够站起来。如果没有骨骼，我们的身体就会像一个面团。骨骼还能保护身体免受伤害。例如肋骨是保护心脏和肺的铠甲。感知骨骼的最佳部位是胳膊肘、指关节和额头。骨骼的主要组成成分是钙，因而非常坚硬。但正因为骨骼坚硬，一旦遭到猛烈撞击就容易折断。幸运的是，骨骼具有很强的修复能力。

你听说过"孩子的骨头是软的，不容易断"这种话吗？事实并非如此。尽管小孩的骨头的确比成年人的骨头软一些，但仍然容易折断或碎裂。骨骼会随着身体的生长周期而发生变化，在不同的年龄段，骨骼的耐久性也不同。一个人刚进入成年阶段时，骨骼最为强壮。

肌肉通过肌腱连接在骨骼上。如果你扭伤了脚，脚部的肌腱可能会受伤，这就是通常所说的扭伤。扭伤会使皮肤变得瘀青和肿胀。通常扭伤可以在几天后自愈，但也不排除无法自愈并加重的可能性。所以，我们也要重视扭伤，如果伤势加重，要立即去医院。

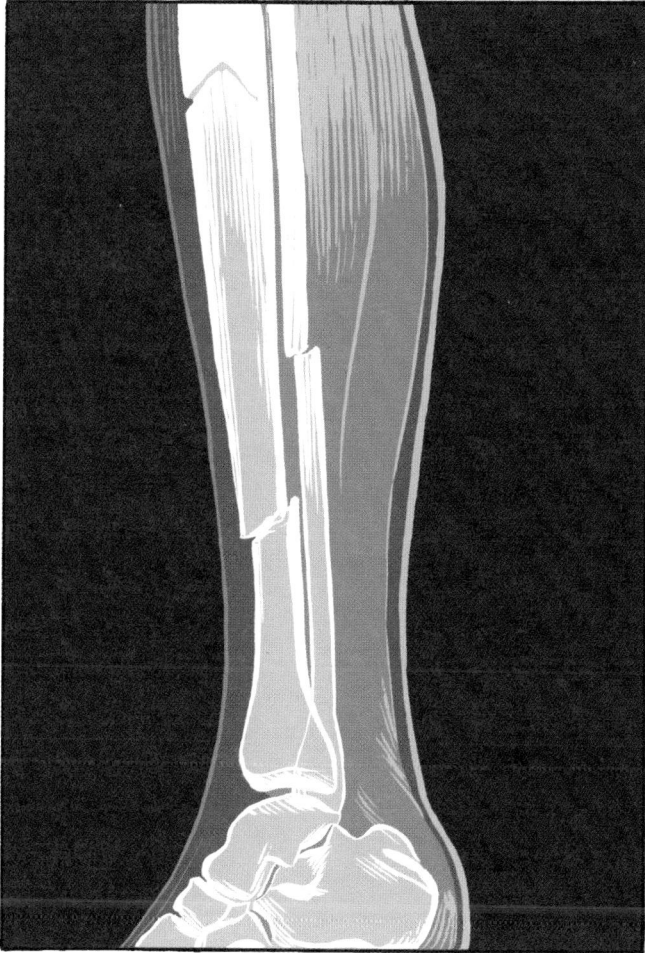

治疗骨折的方法

1. 骨折和扭伤后应尽快固定。固定的目的是防止骨骼错位。这样既可以缓解疼痛，又可以防止伤势进一步加重。

2. 联系伤者的家长，询问伤者是否可以服用止痛药。

3. 如果想缓解疼痛，建议在受伤处冷敷（如一袋冰冻的豌豆），并把受伤的部位抬高。

雅克博医生的讲解

人体由 206 块不同的骨骼组成，腿部有两根骨头，分别是胫骨和腓骨。在国外，医生通常用一种古老的语言——拉丁语来描述身体的不同部位。这样一来，世界上大部分的医生都能听得明白。从某种程度上来说，拉丁语在国外是医生的"通用语言"。然而，这也有点复杂，因为会拉丁语的人并不多。

练习包扎手指、胳膊或腿部。请记住：尽可能地固定伤处，但不要绑得太紧。绷带绑得好可以减轻伤者的疼痛。如果绷带绑好后疼痛加剧，说明哪个地方绑得不对，要取下绷带，再试一次。

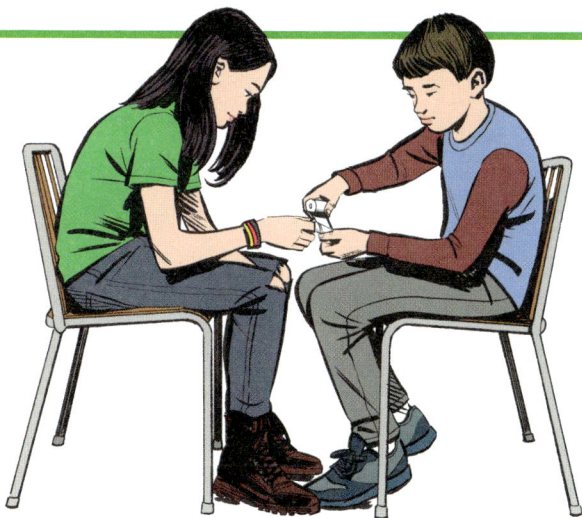

请记住：

1. 如果受伤的部位没有很强的痛感，不用急于去医院做 X 光检查。可以等几个小时，甚至一天左右，观察伤处是否有好转。

2. 如果骨骼受伤的人同时也有其他外伤（如皮肤伤口），这种情况就不要等待观察，应该直接去医院。因为这可能是一种"开放性骨折"。

骨折事件后续

　　过了一会儿，其他孩子才注意到阿伦不见了。她们立刻乘缆车回去寻找她。几分钟后，埃利奥特找到了阿伦，只见她被树卡住不能动、浑身湿透、冻得发抖。埃利奥特试图把阿伦扶起来。但是只要一动她或滑雪板，阿伦就痛得尖叫。山上手机没有信号，艾莉莎只好乘缆车下山告诉工作人员阿伦受伤了。埃利奥特和玛蒂尔达留在阿伦身边。她们试图尽可能让她躺得舒服些，并给她穿上自己的衣服，也给她喝了保暖瓶里的热巧克力。

　　半个小时后，两位医护人员驾驶雪地摩托车赶来，他们给阿伦打了一针止痛药，然后将她小心地抬上了雪地摩托车的拖车，送往医院。在医院里，医生给阿伦做了 X 光检查，发现她的小腿有两处骨折，必须打石膏。直到这时，孩子们才意识到他们应该打电话给阿伦的父母，并告诉他们发生了什么事。

移动伤者要注意什么？

移动受伤的人通常是很困难的。你在尝试移动伤者之前，必须问自己几个问题：

1. 是否需要移动伤者？

2. 我或其他人能否做些什么使移动伤者变得更容易、更安全？移动时是否会加重伤情？（如果伤者的颈部、背部受伤或感到非常疼痛，我们应该格外小心。）

3. 我（或我们）如何获得帮助？

记住：寻求帮助总是对的！

有时候我们必须将受伤的人转移至安全地带，远离事故发生的危险区域，比如火灾现场或容易迷失方向的森林。转移前，应告知伤者当前发生的状况及即将采取的措施，以避免伤者因不知情而导致进一步的紧张和害怕。需要注意的是，移动一个受伤的人非常吃力，如果有多人在场，最好合力搬抬。在搬运伤者时，有一副担架会事半功倍。因此，拨打电话向紧急救援中心寻求帮助可能是最好的选择！

"老侦察兵"的技巧

　　将毛衣或扣好的衬衫的袖子装进衣服的正身，然后用木棍或铁管穿过袖子，两件衬衣就能够搭建一个担架——它的承重力比你想象的大得多。

- 练习 -

尝试让一个朋友趴在你背上，看看你能背着他走多远。

抬担架。这是一个有难度的训练，你的手、肩和大腿会感到实实在在的压力。用绳子把两根长棍或铁管绑在一起，做成一个简单的担架；然后放一些受伤者可以躺在上面的东西，比如毯子。如果是四个人抬一个担架，每个人可以抬一个角。尽管这样不容易保持平衡，但抬的人不会特别累。抬担架的时候，四个人不要忘记相互交流，告诉彼此你们接下来要怎么做。在抬起和放下担架之前要说一声。你可以和朋友们轮流抬担架，轮流扮演伤者的角色。

尝试消防人员抬法。这种练习存在一定风险，因为你可能会把练习对象摔到地上。所以，练习时最好有一个成年人在旁边辅助。具体如何操作，请参阅下一页。

消防人员的专业抬人示范

1.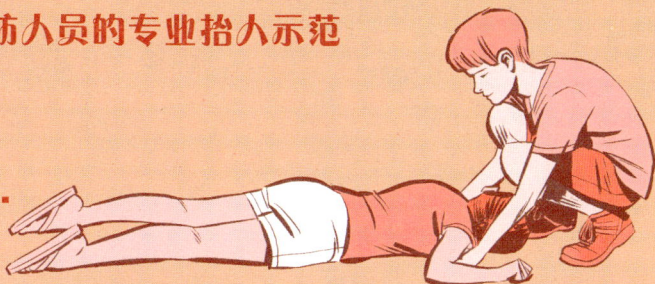

2.

3.

4.

5.

救命，有动物要咬人！

——狂犬疫苗怎么打？

　　这是一次学校郊游，大家去了德瑟恩湖畔游玩。午餐休息后，一些男孩子在丢大木棍玩。这时，一只大狗忽然朝他们跑来。狗没有拴绳，狗的主人也离得很远。这只调皮的狗看见木棍后跳来跳去，叫个不停。阿莫斯感到害怕，便忍不住尖叫起来。结果他的尖叫声让狗变

得亢奋，开始咬他的腿。阿莫斯变得更加害怕了，他用手与狗对抗，并发出更大的叫喊声，然后试图逃跑。倒霉的是，在狗的主人赶到之前，狗已经咬了阿莫斯的手两次。

被动物咬伤的医学小常识

被狗咬伤在急诊室里十分常见。儿童经常被狗咬伤上半身。在大多数情况下，咬伤不会造成生命危险。但如果咬伤严重，则必须由医生处理。当你被动物咬伤后，最重要的是检查伤口，以便及时发现是否感染。如果伤口感染，要立即就医，注射抗生素进行治疗。

如果你不小心被动物咬伤，请务必寻求帮助。在许多国家，有一种危险的动物传染病——狂犬病。为了预防狂犬病，我们被狗咬伤后还要去打狂犬疫苗。

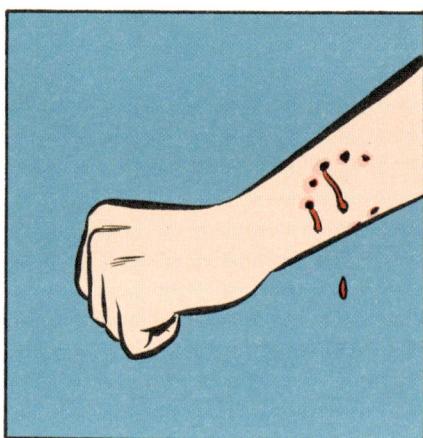

狗不是唯一会咬人的动物，猫、马和蛇也可能咬人。在野外森林中，有一种毒蛇叫蝰蛇。你能识别这种蛇吗？这种蛇是黑色的，背部有锯齿状花纹，头小且略呈三角形。通常来说，蛇不会主动攻击人，除非你惊扰到它们。我们在野外游玩时，注意不要惊扰到蛇。如果不幸被蛇咬伤，应该立即前往医院就诊。

处理咬伤的方法

1. 用肥皂和温水彻底清洗伤口。清洗干净后，更容易诊断伤口情况。

2. 仔细观察伤口是大还是小，是浅还是深。

3. 如果伤口较深或大于 2.5 厘米，应立即就医。

4. 尽可能让伤口透气。

5. 如果伤口变红，并且越来越痛或出现肿胀和黄脓，应立刻就医。

- 练习 -

练习向老师、护士或医生描述医疗事件。请你按照下面的提示进行对话练习。

1. 发生了什么事？

2. 什么时候发生的？

3. 谁受伤了？

4. 他或她受了什么伤？

5. 你是如何处理伤口的？

请记住：

1. 没有征得主人同意，不要随意抚摸不认识的狗。

2. 如果遇到一只没有拴绳的狗，尽量保持冷静。你可以站着不动，然后低头看地面。

3. 除了狗，猫也有锋利的牙齿。如果被猫咬伤，伤口通常会很深且容易感染，要及时去医院处理伤口。

4. 如果被人咬伤，也可能是很危险的，需要及时就医。

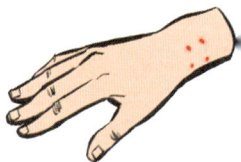

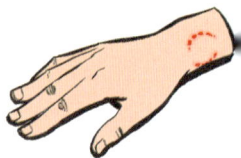

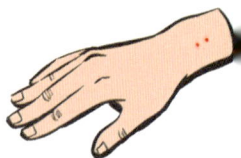

被动物咬伤事件后续

阿莫斯的老师对付狗很有一套。她抓住了狗的项圈，把它拉开了。狗的主人终于赶来，他立刻给狗拴上了绳。他感到非常抱歉，说他的狗以前从未这样过。老师报了警，警察来了之后与狗的主人交谈。了解情况之后，警察要求狗的主人对阿莫斯的伤势进行赔偿。

好在阿莫斯的伤口不严重，先用肥皂和水清洁干净，郊游结束后再去医院打狂犬疫苗（狂犬疫苗在被狗咬伤后的 24 小时内注射有效）。之后，老师还带阿莫斯去斯德哥尔摩参观狗舍，并和几只友好的狗一起玩耍，以便阿莫斯以后减少对狗的恐惧感。

恐惧使人类进步？

　　想象一下，如果我们永远不需要害怕该有多好！但是，能够感知害怕是一种本能，这是使人类作为一个物种生存下来的原因之一。与其他动物相比，人类跑得不算快也不强壮。我们在与熊的搏斗中毫无胜算，也无法逃离一头愤怒的公牛的攻击。我们所拥有的是智慧的大脑——一个有想象力、能够感知恐惧的大脑。对于最初的人类来说，生活是艰难的，他们周围都是敌人，生存就是一场又一场的搏斗。那些不警觉、危险意识不强的人随时可能丧命。这就是恐惧和想象力的作用。当我们遇到可怕的事情，或者只是想到可怕的事情时，我们的想象力可以迅速描绘出很多不同的场景。所以说，恐惧能帮我们避开那些可能有危险的事物。

　　在进化的过程中，这种本能的恐惧感拯救了许多人的生命。

当然，我们现在害怕的事情与一百年、一千年甚至一万年前的人类不同。但是，你的大脑始终保持着产生恐惧的本能。请你记住一件事，害怕本身并不危险。这种感觉不会伤害到你，即使感觉到心脏在剧烈跳动，你也不会有生命危险。你要相信，人类经历了上万年的进化，我们的心脏是坚强的，我们的身体是为了应对巨大的压力构建而成的。

　　克服恐惧的一个好办法是尽量保持冷静，并且将这种害怕的感觉告诉家人或朋友。你可以试着把你的恐惧看作一个伙伴，而不是你必须去打败的敌人。如果有人信任你，并对你讲出了他们害怕的事情，请不要嘲笑或者鄙视他们。

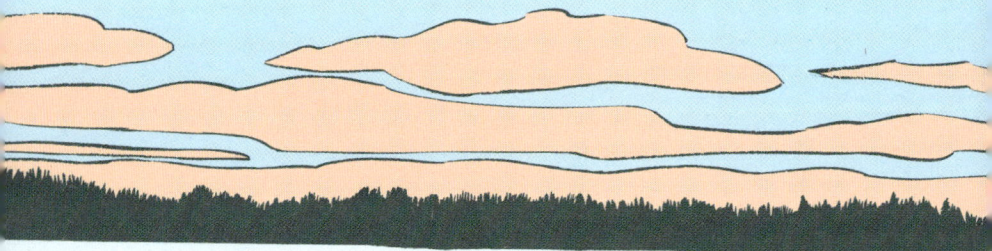

好冷，有人好像冻僵了！

——失温或冻伤不可轻视

这几天夜里非常寒冷，湖面都结冰了。阿里、瓦尔顿和埃米尔几人冒着严寒，来到离家很远的朗湖。他们站在湖边浴场的岩石旁，往结冰的湖面上扔石头。无论他们多么用力地扔，冰面始终完好，一点也不破裂，石头只能在冰面上滑开。

"冰层看起来很厚！"阿里说着，小心翼翼地迈出一步。埃米尔和瓦尔顿想跟上去，又有点犹豫不决。为了向他的朋友展示湖上的冰面有多厚，阿里用力地跺脚。"看，这冰有多硬。"他正说着，结果话还没说完，他脚下的冰就裂了，阿里也掉进了冰冷的水里。

体温骤降的医学小常识

我们的身体非常擅长保持稳定的体温。也许你有过这样的经历：先泡桑拿，然后出来冲凉，甚至在雪地里打滚。桑拿房里通常有 80~90 摄氏度的高温，而雪的温度低于 0 摄氏度，但你体内的温度却几乎总是保持在 37 摄氏度左右——因为这就是身体想要的温度。

皮肤最重要的功能之一就是帮助我们保持体温稳定。这是皮肤下面的血液通过流量大小的变化来实现的。如果天气炎热，身体想要降温，皮肤下的血管就会扩张，使更多的血液流过。这时，皮肤会变得红润，血管变得清晰可见，人也会开始出汗——水能比空气更有效地带走热量。当皮肤潮湿时，血液会更快地冷却。当身体想要保留热量时，情况正好相反。皮肤的血管会收缩，皮肤会变得苍白和冰凉，人会停止出汗。如果温度继续下降，身体就会启动自己的加热系统——肌肉。当肌肉工作时，身体会变热。这就是为什么我们会在感到寒冷时通过原地跳跃来取暖。但如果你感到非常冷，原地跳跃这种方式还不够。这时身体会试图通过颤抖产生热量。这种方法很有效，但代价也很高——需要消耗大量的能量，而这些能量本来是供应给大脑的。因此，一些遭遇强降温的人会变得神志不清甚至晕厥。相对于成年人，儿童更容易受凉。

冻 伤

就像我们的身体在遭遇极度高温的时候会被烧伤一样，在极度寒冷的情况下，我们的身体也可能发生冻伤。其中有些身体部位，比如手指、脚趾或鼻子等，更容易发生冻伤（即便身体的其他部位此时可能仍保持着正常体温或接近正常体温）。如果发生了这种情况，就需要给这些部位保暖。例如当你的手冻得冰凉，你就可以戴上厚厚的手套。

预防体温过低的方法

1. 穿合适的衣服，尤其是冬季户外活动时要穿戴合适的装备。

2. 如果外面很冷的话，不要忘记戴帽子，头部保暖可以减少 70% 的热量损失。

3. 注意关注天气预报等信息。

4. 在寒冷天气出行时，要与家人朋友们互相照看，以免有人冻伤。

记住：最好的治疗方法就是预防！

处理体温过低的方法

1. 如果你们在户外，尽量找一个可以遮蔽风雨的地方。

2. 有条件时，脱掉潮湿的衣服和鞋袜，换上干燥的衣物来防止体温下降。

3. 不要抓挠或摩擦身体冻伤的部位。

4. 人体变暖需要很多能量，所以最好食用一些热饮、一块巧克力、少量葡萄干或其他高热量的食物。

雅克博医生的讲述

许多年前服兵役时，我和我的战友曾在户外执行任务。当时天气非常冷，我们的脚被冻得像冰块一样。我们睡觉的帐篷里气温低至零下。于是，我们把彼此的脚放在对方的腋窝里取暖。虽然气味不好闻，还有点恶心和尴尬，但我们的脚暖和了。

– 练习 –

许多滑冰俱乐部在安排课程时，有一项内容是要求学员浸入冰冷的水中，然后再确保他体温回暖。这是一个很棒的练习，但绝对不能在没有专业人士指导的情况下尝试。即使是世界上最好的游泳运动员，也不应该在没有教练和救生设备的情况下，在冰水中进行此项练习。

如果你想尝试，请告诉你的父母，让他们帮你找一家可以开展正确指导训练的俱乐部，并确保你的父母也适当地参与其中。

体温骤降事件后续

　　阿里落水的地方并不是很深，很快他的脚就触到了湖的底部。但是冰面的边缘已经破碎，他很难从水中爬出来。瓦尔顿找来一根长棍，借助它把阿里拉上了岸。阿里冻得浑身发抖，但还是脱下了湿衣服，并用随身携带的健身包里的毛巾擦干身体。

　　幸运的是，他的运动服和运动鞋没有湿透。埃米尔借给他自己的外套裤子，瓦尔顿借给他自己的夹克。他们给阿里的爸爸打了电话，请他来湖边浴场接他们。阿里回到家后，立刻换上干净的睡衣躺在暖和的被窝里。房间里也开了空调，妈妈还给他端来一大杯热巧克力奶。

难受，但是没有流血？
—— 内出血有什么症状？

艾伯特和几个朋友在海拉花园的自然保护区骑单车。那里有很多陡坡，调皮的男孩子们喜欢骑着单车从坡上往下冲，然后再来一个跳跃动作。他们觉得很好玩，但这样做很危险。艾伯特不确定他是否也能像其他小伙伴们那样成功地完成一系列动作，因为他是个谨慎的孩子。不过，他决定今天大胆尝试一次。男孩子们骑上一个陡峭的斜坡，然后一个一个全速向下冲，最后以一个大胆的跳跃结束。艾伯特多次全速骑下坡，但就是不敢跳。天已经黑了，朋友们都要回家，现在是艾伯特进行单车跳跃的最后机会了。

艾伯特站在坡顶，用手指轻抚头盔。他深深地吸了一口气，径直向坡下冲去。但就在准备跳跃前，艾伯特因为害怕而改变了主意，他试图停下来，可已经来不及了。这时自行车前轮一扭转，艾伯特直直地摔倒，车把重重地击中他的肚子。他感觉吸入的氧气好像都从他的肚子里被挤出来了。

卢卡斯和埃米尔连忙跑向艾伯特。"太可怕了，你飞起来了！"埃米尔说。他们赶紧把艾伯特从地上扶起来，并推着他的自行车将他送回了家。一路上，艾伯特双手一直捧着肚子。回到家后，他走到沙发上躺下，难受得一动不动。

内出血的医学小常识

就像身体外表会出血，身体内部也会有出血的情况。这种出血可能是因为某个器官破裂，比如肝脏或脾脏；也有可能是因为血管破裂。棘手的是，你从外表根本看不出来内出血。心脏每次搏动会产生压力，这种压力像一个个小波浪，将血液由动脉泵向身体各处。所以如果流血太多，那么不管是外出血还是内出血，身体都将难以维持正常的血压。

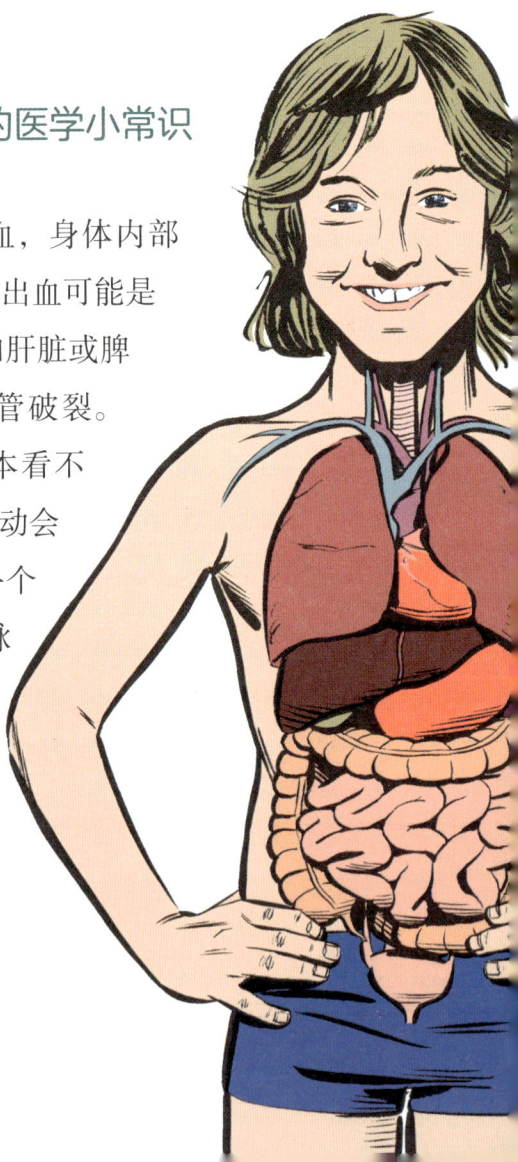

你躺下后突然起身时，可能会出现血压下降的情况。这时，你的眼前会变黑，有些人还会感到头晕和恶心。这是因为心脏起搏后没有来得及对身体突然进行的动作做出补偿，导致血压下降，从而使大脑没有收到足够的血液。

这种情况听起来很严重，但如果这只是因为起身太快导致的，那么毫无危险性；只要小坐片刻，很快就会好转。要注意的是，如果头晕和恶心是受伤之后才出现的，这可能是内出血引起的血压下降。这时你需要去医院。医院的工作人员会为你进行超声波或 X 光检查，来确定体内是否有出血。

内出血的症状

1. 整个人面色苍白，浑身冰冷，皮肤感觉黏腻。
2. 伤者通常喜欢静止不动。
3. 受伤后出现头晕和恶心。
4. 晕厥是内出血晚期且病情严重的征兆。

如果怀疑有内出血，应该怎么做？

1. 伤者必须尽快去医院。

2. 等待救护车或交通工具时，尽量让伤者保持静止。

3. 不要让伤者独处；请你坐在他旁边，与他交谈。

4. 不要给伤者食物吃。如果伤者是胃出血，乱吃东西只能导致病情加重。

5. 关注伤情从发生到当前的时间有多久。

– 练习 –

练习处理伤者时的对话：

1. 发生了什么？

2. 谁受伤了？

3. 什么时候受伤的？

4. 症状有什么变化？

内出血事件后续

艾伯特的妈妈下班回家时，立刻注意到艾伯特不舒服，只见他一动不动地侧躺在沙发上，脸色苍白，还出冷汗。妈妈问他怎么了，他呼吸急促地告诉妈妈，他感觉恶心。妈妈认为他需要去医院。但当她试图让他起身上车时，艾伯特几乎要昏厥了。妈妈只好打电话让救护车来接艾伯特。

在急诊室，医生给艾伯特做了 X 光检查，发现他的脾脏受损，还有胃出血。他立即被送进手术室接受手术。手术后的当天晚上，他的情况好转了很多，出血止住了，也吃了止痛药。两天后艾伯特出院了，但之后整整一个月，他都不能再骑单车。

疼痛没有那么可怕！

想象一下，如果你感觉不到任何疼痛，那就无法意识到自己是否被烫伤，也不会察觉到自己生病。脚上的一根小刺可能会因为你没有发现伤口感染而变得致命。所以，能够感觉到疼痛其实是一件好事。当然，感到疼痛并不是那么舒服。疼痛也分为很多种。

想象一下，你正在户外烧烤，然后必须移动一块围绕火堆的石头。你觉得这块石头非常烫，立即闪电般松开了手。这到底是什么原因呢？原来，当手指触碰到石头时，皮下神经的细胞感觉到了热量。它们向大脑发出警告信号，让大脑意识到这是有危险性的高温。然后大脑就会产生一种又热又痛的感觉，同时发送信号给肌肉，让你收回你的手。因此，疼痛并不是由热的石头或你手指的神经产生的，而是由你的大脑产生的一种感觉。

我们的大脑很神奇，但它很难同时专注多件事情。通常，最强烈的感觉会让你最先感知。这意味着我们可以欺骗大脑。如果你的脚趾撞到了门槛，除了脚趾抽搐的痛感外，此时你很难想到其他的事情。但这时，如果你把手放到一个冰块上，大脑只会关注手上的冰冷感觉。

因此，在某种程度上，你可以控制自己对疼痛的感受。

　　莫名的疼痛常常会引起我们的恐惧和担忧。因为我们不仅因为疼痛而感到难受，同时还伴随着疼痛带来的忧虑。但是，如果我们知道疼痛的原因，就会更容易面对和忍受它。比如不幸骨折了，你虽然疼痛但并不会过分恐惧，因为你知道疼痛的原因。经过治疗后，医生或护士会告诉你骨折恢复的状况。几天之后，你会感觉好一些，一周后这种疼痛就差不多消失了。

三招缓解疼痛

1. 通过关注其他事情来减轻疼痛。你可以借助一本书、一个网络视频，甚至是一颗糖果来转移对疼痛的注意力（雅克博医生有时候会建议吃糖果）。

2. 尝试了解疼痛的原因，减少不必要的担忧。

3. 想一想，你可以做些什么来缓解疼痛。如果你躺下，头痛会减轻吗？你想调暗房间的灯光或在额头上放点凉的东西吗？如果你的疼痛并不严重，只要你有所行动，情况就会好转。

疼痛是否等同于危险？

疼痛并不意味着生命危险。严重的擦伤也许会让你痛得眼泪汪汪，但这并不危险。相反，有些危险的情况，比如严重的过敏或者内出血，可能一点痛感都没有。所以，疼痛的程度并不是判断受伤轻重的可靠依据。

鼻子被撞出血，别慌！
——看看鼻子里的毛细血管

这可能是夏天最炎热的一天，诺亚和斯蒂娜在花园里跳蹦床。当诺亚大幅度跳跃时，他的膝盖不小心撞到了斯蒂娜的鼻子，斯蒂娜的两个鼻孔开始流鼻血。

流鼻血的医学小常识

对于儿童来说，流鼻血很常见。一部分孩子可能由于体质问题流鼻血，一部分则因为天热而流鼻血。更常见的情况是许多孩子因为鼻子遭受撞击而流血。一般而言，流鼻血没有生命危险，而且会自己停下来。

不用太担心小孩爱流鼻血，随着年龄的增长和鼻腔内的血管变粗，这种现象会逐渐消失。

你是否还记得《外出血》那一部分讲过人的体内主要有两种血管？分别是静脉血管和动脉血管。此外，还有毛细血管。当你流鼻血时，通常是很细小的静脉或毛细血管在出血。所以，流鼻血看起来很可怕，但出血量并不像你看到的那么多。

雅克博医生的讲述

我有一个朋友叫乔恩，他是耳鼻喉科医生，也是鼻科专家。当我因为写这篇文章向他请教时，他问我："你知道什么是导致儿童流鼻血最常见的原因吗？"我说："不知道。"他继续说："就是他们抠鼻子。"

实际上，流鼻血在冬天更常见，因为冬季空气干燥，这使得鼻腔内部的细小血管更加干燥和脆弱。作为经验丰富的鼻科医生，乔恩向那些经常流鼻血的人提供了一个建议：经常用一点从药房买的凡士林或鼻油润滑鼻腔内部。他还有一个建议，那就是不要挖鼻孔！

止鼻血的方法

1. 如果伤者看起来很害怕，试着安抚他。很多人认为脸上流血非常可怕，这时请你告诉他们你会陪着他们，流鼻血的情况会很快好转。

2. 伤者可以坐起来，并使身体稍微前倾。

3. 轻轻挤压鼻子柔软的部分。注意，不要用力过猛。

4. 请朋友取一个碗或大杯子。因为鼻子和嘴在喉咙的后面是相通的，血可能会流进嘴里。如果发生这种情况，可以把血吐到碗里以免被呛到。

练习适度地捏自己的鼻子，但确保它不会痛。

取一个 100 毫升的量杯，倒入覆盆子果汁或其他红色液体。将卫生纸捏成小纸团并尝试吸收所有的液体。你会注意到吸收完 100 毫升液体需要大量卫生纸。当你完成以上动作，你会发现吸收液体的纸团看起来非常多。所以，仅仅通过看地板上或纸上的血液来判断出血量是不准确的。这样看起来总是比实际情况更糟糕。

请记住：

1. 流鼻血后不要立即擤鼻涕，这可能会导致流血加剧。

2. 如果流鼻血持续了 20 分钟还没有停止，或者出血量很大，应立即就医。

流鼻血事件后续

　　斯蒂娜经常流鼻血，所以两个孩子没有特别害怕或不安。两人从蹦床上下来，斯蒂娜捏着鼻子在一旁静坐，诺亚去取了一些棉球。斯蒂娜捏了一会儿鼻子后，在每个鼻孔里塞了一些棉球。当他们回到家时，斯蒂娜的爸爸看到她的背心上沾满了血迹，他担心地问他们发生了什么事情。

　　"玩蹦床！"两个人回答道。斯蒂娜的爸爸了解情况后，告诉他们下次玩耍时要当心一些。两个孩子连忙齐声答应。

两眼一黑，人就晕过去了！

——晕厥后的侧卧位

阿米娜认为这个周四是最糟糕的一天，尤其是早晨。前一天晚上，游泳训练直到 8 点才结束，而学校又在早上 8 点开始上课，第一节还是体育课。对于晚上训练劳累的阿米娜而言，早晨起床真的太困难了，这导致她常常没有时间吃早餐。而且，她连昨天的晚餐也没吃饱。

所以，周四早晨，阿米娜起床时感到有点头晕，房间仿佛晃动起来。几秒钟后，头晕的感觉过去了，阿米娜还是准时赶到了学校。但是在体育课结束时，她感觉天旋地转、耳朵嗡嗡作响，然后眼前一切都变黑了。

晕厥的医学小常识

人们可能会晕厥或者暂时失去意识，这是正常现象。引起晕厥有很多不同的原因：一部分人可能是因为一些可怕的事情，还有一部分人是因为站起来得太快，导致血液还没来得及流通到头部。

发生晕厥之前，通常你会先感觉到头晕，耳朵里有嗡嗡声，看东西也有点模糊。但晕厥不会使人产生痛感，也没有生命危险——除非因为晕厥而摔倒受伤。但在有些情况下，晕厥的人会感到呼吸困难。这不是因为他停止了呼吸，而是因为舌头向后落并堵住了喉咙，让他无法呼吸。因此，应该将晕厥者稳定侧卧（如何操作，请看下页）。这样，晕厥的人才能顺畅呼吸。

你还可以这样做：

1. 观察晕倒的人胸膛是否吸气时上升，呼气时下降。

2. 听听他鼻子和嘴周围是否有呼吸声。正常的呼吸声听起来应该像风吹过，而不是像鼻塞或打鼾。

3. 将手腕放在晕厥者鼻子和嘴巴前面，感受一下是否有呼吸的气息。

如果有人晕倒该怎么办?

1. 你应该首先保护自己。在跑向晕倒的人之前，请你先仔细观察周围是否有危险的东西，如断裂的电缆。

2. 将晕倒的人置于侧卧位，防止他窒息。

3. 青少年的救护能力有限，你应该及时寻求成年人的帮助。

如果有人感到头晕，应该这样做，防止他晕厥

1. 要求他们躺下，然后将腿抬高，放在某些物品上，比如一把椅子或一个箱子上。

2. 如果无法躺下，请要求他们俯身向前，并将头放在双膝之间。

以上两种方式都会让更多血液流向心脏。这样一来，头晕者的血压就会升高，晕厥的感觉很快就会消失。

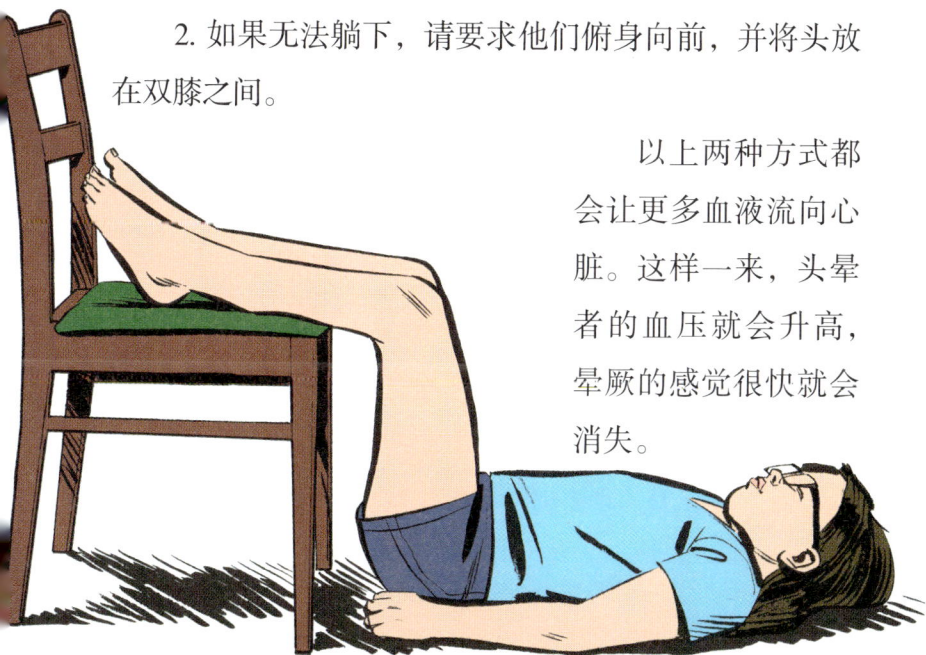

- 练习 -

假设你的朋友处于晕厥状态，让他侧位躺，你来练习如何救助。这位朋友要完全放松且不可以为你提供帮助，但是他也不可以与你进行对抗。

1. 将他的左臂放在头部。
2. 抬高他的右膝。
3. 将他的身体向你的方向倾斜。
4. 将他的右臂放在左臂上。

当你练习了对同龄人的晕厥后救助之后，请试着在成年人身上练习。成年人体重更重，请让你的朋友协助你练习。

晕厥事件后续

当阿米娜醒来时，她的朋友已经将她置于一个稳定的侧卧位。体育老师玛琳俯身看着她，一脸担忧。

"发生了什么?"阿米娜问道。她感到头晕,还觉得口干舌燥。

"你晕倒了。"玛琳平静地回答。

"有哪里不舒服吗?"她摸了摸阿米娜。

"就是有点头疼。"阿米娜回答。

玛琳问阿米娜最后一次吃东西是什么时候。

她回答:"昨天下午游泳训练之前。"

"试着慢慢站起来,靠在我身上,我们来喝点果汁。"玛琳安慰阿米娜。

急救求助电话

在日常生活中，我们难免会遇到突发状况，因此一定要记住急救电话，需要的时候及时拨打。下面就告诉大家，急救电话有哪些。

119

119 是我国消防报警电话。在遇到火灾、危险化学品泄漏、道路交通事故、地震、建筑坍塌等重大安全事故时可拨打消防报警电话 119。该号码为特殊号码，不收取任何费用。

110

110 是我国公安部门报警电话。110 电话除负责受理刑事、治安案件外，还接受群众突发的、个人无力解决的紧急危难求助等。该号码属于特殊号码，不收取任何费用。

120

120 为我国医疗急救电话号码。拨打 120 是向急救中心呼救最简便快捷的方式。急救中心是 24 小时服务的，只要是在医院外发生急危重症，随时可以打 120 找急救中心要救护车。

122

122 是我国公安交通管理机关为受理群众交通事故设置的报警电话。122 报警服务台指挥调度警员处理各种报警和求助，同时受理群众对交通管理和交通民警执法问题的举报、投诉和查询。人们只要拨打"122"即可免费接通 122 电话。

请你在这里写下其他紧急情况下可能有用的电话号码：

作者介绍

雅克博·瑞兹·恩德尔

1975 年生于哥德堡。他是一位麻醉师和重症监护医生，定期在瑞典的期刊《医学杂志》上发表文章，出版过《心脏病发作》和《应对死亡》等书籍。

马茨·万伯拉

1964 年生于斯德哥尔摩。他是一位儿童读物作家，写过一百多本书。此外，他还翻译了几乎同等数量的电影。

格兰·哈姆

1975 年出生在英格兰的南部地区。他是瑞典最顶尖的插画家之一，曾经与众多知名企业和组织合作。

致　谢

　　首先，感谢认真读完这本书的你。这使作为本书作者的我们感到十分开心。非常感谢奥波尔出版社的朋友们，你们的热情和温馨的家庭氛围，使得在那栋美丽的白房子里工作成为一种享受。

　　我们要感谢以各种方式提供帮助的人们。他们分别是道格拉斯·塞缪尔斯、斯科特·塞缪尔斯、诺亚·恩德勒、萨莎·恩德勒、阿伦·恩德勒、万达·西科斯卡、克里斯托弗·穆尔、索菲亚·格拉茨、阿维德·霍斯泰德、玛琳·霍斯特兰德、丹妮拉·林格、哈瓦那·修塔、塞巴斯蒂安·鲁宾斯坦·邓洛普、海伦·万布拉德、丽莎·哈姆达尔、克莱奥·地克森和尼克·维尼斯基。

　　还要由衷感谢我们的事实核查员：基库·普克·赫伦斯坦、儿科医生阿兰博（医学博士、卡罗琳斯卡研究所副教授）。

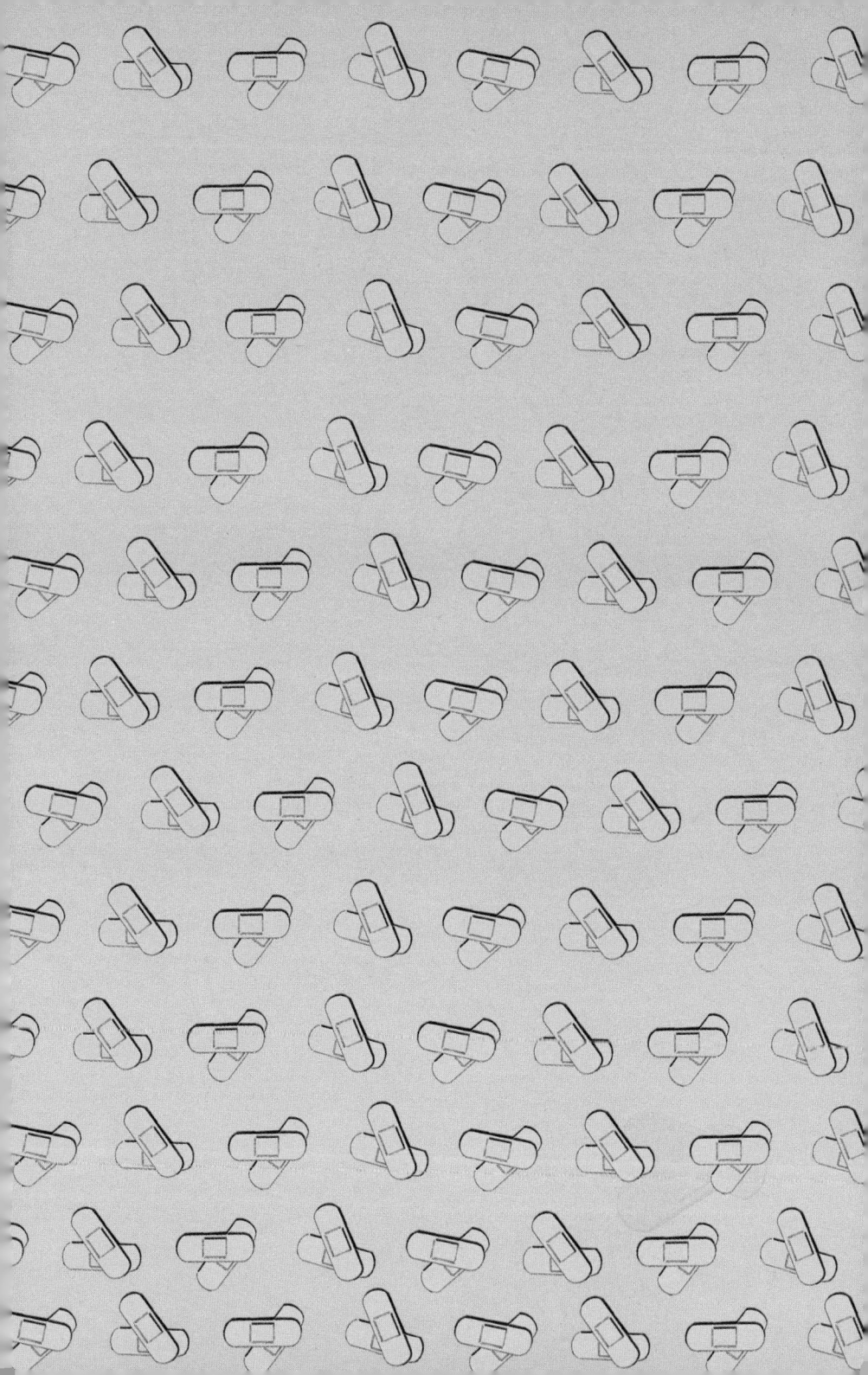

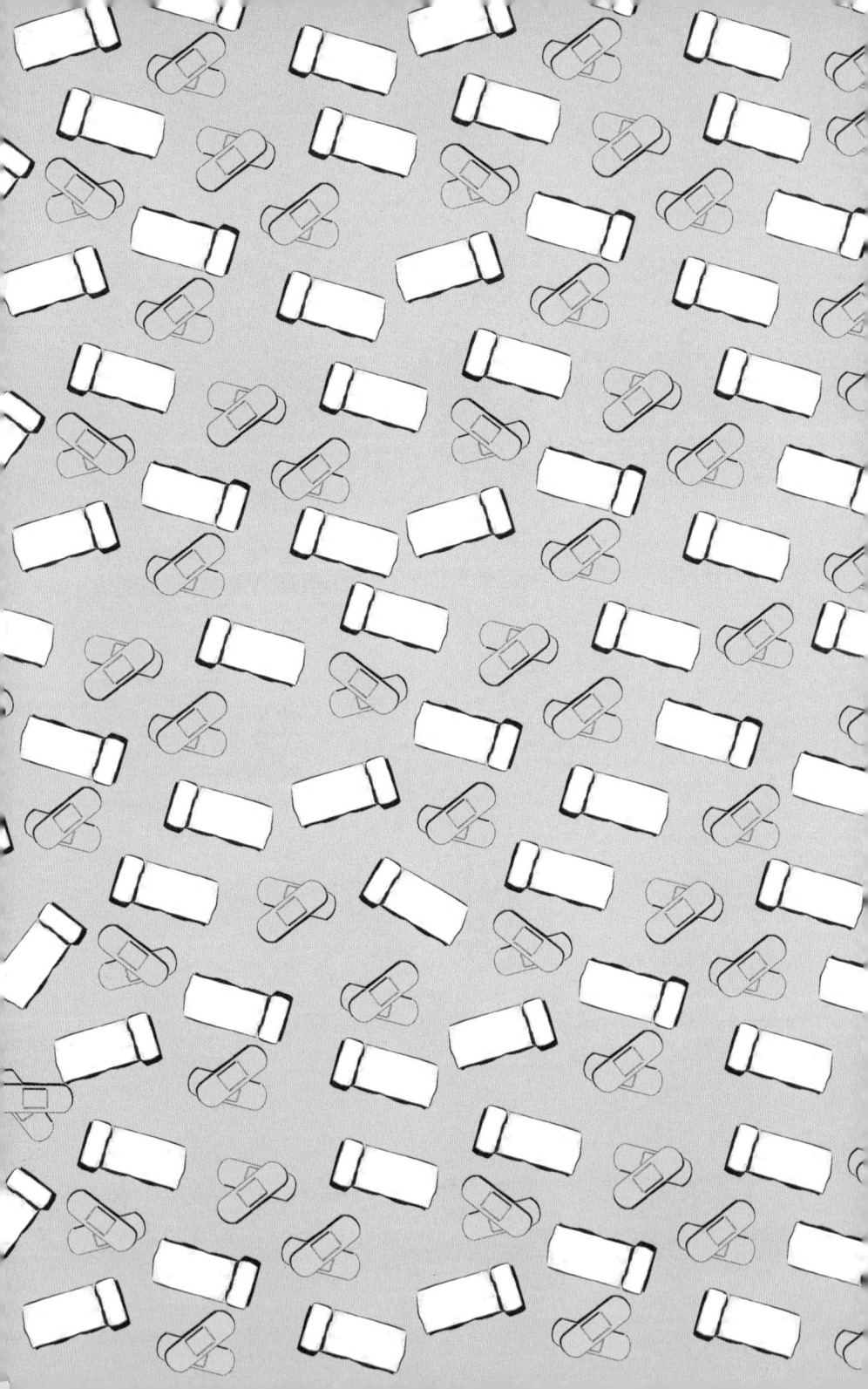